KB274836

Travel Schedule
여행 일정

MEMO

끄적 끄적

주머니에 쏙! 가벼운 발걸음!
GO
Happy Tour
상해
SHANGHAI
遼寧 요녕
內蒙古自治區
내몽고자치구
河北 하북
山西
산서
山東 산둥
甘肅
감숙
陝西
섬서
河南 하남
江蘇
강소
上海
상해
安徽
안휘
四川 사천
湖北 호북
重慶
시市
浙江 절강
湖南 호남
江西
강서
貴州
귀주
福建
복건
雲南
운남
廣西壯族自治區
광서장족자치구
廣東 광동
臺灣
대만
혜지원

이 책을 보는 방법
How to Use This Book

본서는 크게 지역별 소개와 여행 정보의 두 부분으로 나뉘어져 있습니다. 지역별 소개 부분에서는 상해 시 지하철 노선구간에 따라 1호선, 2호선과 3호선 일대의 명소 및 예원을 소개했습니다. 각 지역은 교통 정보, 지도 등의 기본 자료뿐만 아니라 네 개의 소단원으로 나누어 관광명소, 쇼핑, 식당, 숙소를 함께 실었습니다. 또 미식가와 쇼핑 애호가들을 위해 가장 맛있는 털게 요리 전문점과 특색 있고 개성 넘치는 상점들을 엄선해서 소개했습니다. 맛있는 음식과 즐거운 쇼핑으로 신나는 상해여행이 될 것입니다.

여행 정보 부분에서는 상해여행 시 반드시 필요한 비자, 항공편, 날씨 등의 정보 외에도 상해 시의 교통정보 및 사용화폐 등을 자세히 소개하여 여행의 편의를 도모했습니다.

쉽게 알아볼 수 있도록 전화번호, 팩스, 주소, 홈페이지, 영업시간, 교통 등을 포함한 지역별 소개의 여행 정보는 모두 글씨를 확대하여 여행 중에도 편하게 읽을 수 있을 뿐만 아니라 알아보기 쉬운 범례로 표시하였습니다. 각 범례의 뜻은 다음과 같습니다.

지도페이지 & 좌표	팩스	홈페이지
교통	개업시간	E-mail
주소	휴업일	
전화	가격	

이 책에 표시된 가격은 모두 인민폐(위안)를 단위로 했으며, 책 속에 표시된 교통, 비용, 영업시간, 주소, 전화 등과 같은 변동성 항목은 각각 2006년 10월 이전에 수집된 자료를 기준으로 했습니다. 비용부분은 특별히 변동되기 쉬우니 참고하시기 바랍니다.

*호텔 숙박비용이 달러($)로 표시된 곳도 있음.

주머니에 쏙! 가벼운 발걸음! Happy Tour 상해

- **가볍고 편안한 크기, 두껍고 무거운 여행서는 BYE BYE!**
  크기 10×21cm, 무게 200g, 편안하고 부담이 없어 주머니든 가방이든 어디에도 OK!!

- **만족스러운 정보들이 ALL IN ONE!**
  알짜 정보만 모아서 꼭 가보아야 할 관광명소, 맛보아야 할 음식, 쇼핑장소에 대한 정보를 모두 수록하였습니다.

- **효율적인 구성으로 언제 어디서든 쉽게 찾아 사용한다!**
  각 지역을 장과 절로 나누고 지도를 수록하여 필요한 정보를 쉽게 찾을 수 있습니다.

- **관광명소+식당+쇼핑+숙소, 나도 이제 여행전문가!**
  책에 수록된 곳을 스스로 선택하여 자신이 원하는 완벽한 여행계획을 짤 수 있습니다.

- **여행 필수 품목 No.1!**
  참신하고 예쁜 디자인, 한손에 쏙 들어가는 사이즈, 비닐 표지로 싸여있어 어디든지 들고 다닐 수 있습니다.

지역 명칭

지역별 지도

지도범례

명소(한국어&영어&한자)

지도좌표&페이지

지역 색인&단원(명소·식당·숙박)

명소 소개

지하철 1호선

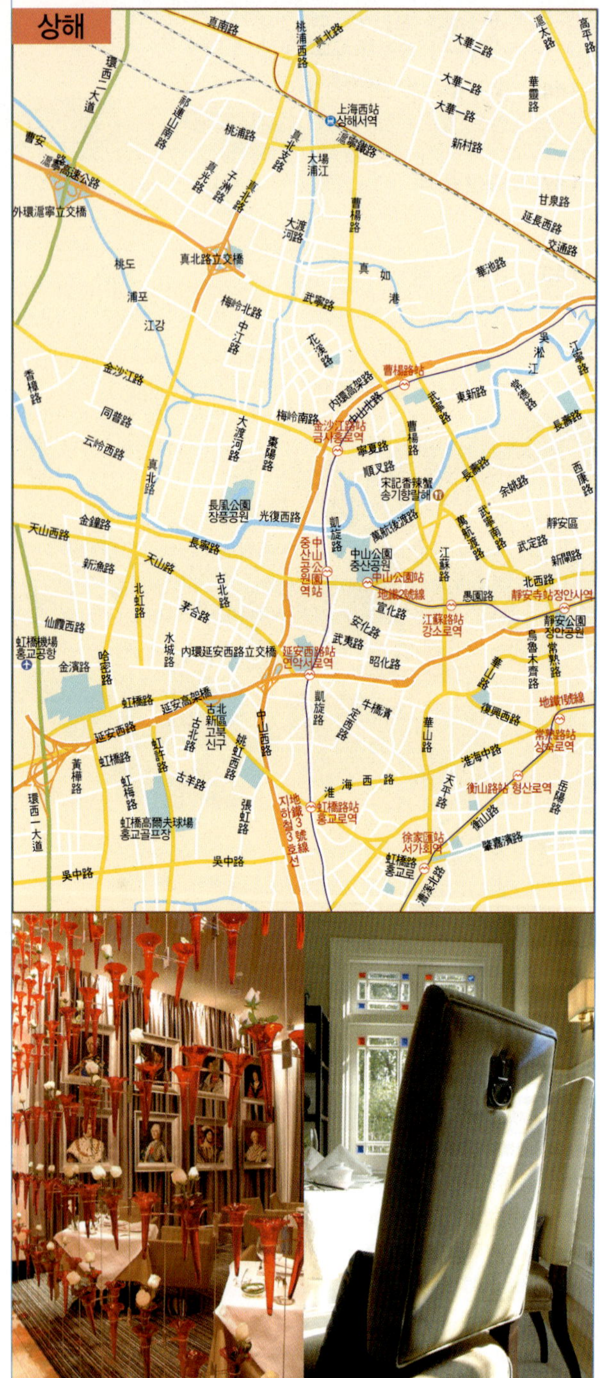

상해
真南路
桃浦西路
真北路
大華三路
滬太路
高平路
環西二大道
祁連山南路
大華二路
華靈路
桃浦路
上海西站
상해서역
大華一路
新村路
曹安
眞北安路
子洲路
眞光路
滬寧鐵路
大場
浦江
甘泉路
延長西路
滬寧高速公路
曹楊路
外環滬寧立交橋
大渡河路
交通路
桃道
真北路立交橋
真
如
華池路
浦浦
江강
梅岭北路
武寧路
港
吳淞江
金沙江路
中江路
長樂路
內環高架路
中山北北路
曹楊路站
조양로역
東新路
香樟路
同普路
梅岭南路
金沙江路站
금사홍로역
武寧南路
萬新後渡路
余姚路
西康路
云岭西路
真北路
棗陽路
寧夏路
長壽路
武寧路
靜安區
天山西路
金鐘路
長風公園
장풍공원
光復西路
順叉路
宋記香辣蟹
송기향랄해
武定路
新聞路
新漁路
天山路
長寧路
凱旋路
中山公園
중산공원역
中山公園
중산공원
中山公園站
江蘇路
北西路
靜安寺站정안사역
仙霞西路
北虹路
古北路
萬新後渡路
地鐵2號線
宣化路
江蘇路站
강소로역
愚園路
靜安公園
정안공원
虹橋機場
홍교공항
金濱路
哈密路
水城路
茅合路
內環延安西路立交橋
延安西路站
연안서로역
安化路
武夷路
昭化路
烏魯木齊路
常熟路
地鐵1號線
虹橋路
延安高架橋
古北新區
고북신구
中山西路
凱旋路
牛橋濱
華山路
復興西路
常熟路站
상숙로역
延安西路
姚虹路
古北路
古羊路
古北路
張虹路
中山西路
淮海中路
天平路
衡山路站형산로역
岳陽路
黃樺路
虹橋路
虹橋高爾夫球場
홍교골프장
張虹路
地鐵3號線
지하철3호선
虹橋路站
홍교로역
淮
海
西
路
天平路
衡山路
徐家匯站
서가회역
肇嘉濱路
環西一大道
吳中路
吳中路
吳中路
虹橋
홍교
漕溪北路

彭越浦
萬榮路
靈石路
共和新路
俞涇浦江
廣靈西路
汶水東路
汶水東路站
仙霞逸高路
仙逸路
邯鄲路
閘北體育場
上海馬戲城站
상해서커스성역
廣中路
京城南路
廣靈一路
赤峰路站
曲陽路
滬太公園
大寧路
廣延路
延長路
廣延路
大連西路
天寶西路
控江路
和平公園
화평공원
新港路
滬太路
延長路站
연장로역
閘北公園 갑북공원
洛川東路
虹口足球場站
홍구축구장역
曲陽路
驪山路
洛川中路
共和新路
民和路
內環共和新路立交橋
中山北一路
東寶興路
東江灣路
大連路
華陽路
中山北路站
芷江西路
天通庵路
寶二路
多倫路
四平路
臨平路
和平公園
控江路
大連路站
대련로역
蘇州河
中興路
上海火車站
상해기차역
上海站
西藏北路
東寶興路站
海倫路站
해윤로역
周家嘴路
公平路
長陽路
天目西路
上海火車站
地鐵1號線
지하철1호선
天目中路
寶山路站
보산로역
河南北路
四川北路
吳淞路
虹口區
楊樹浦路
海防路
漢中路站
한중로역
海寧路
地鐵3號線 지하철3호선
東大民路
楊樹浦路站
양수포로역
江寧路
石門二路
南北高架路
成都北路
新閘路站
西藏中路
北東路
河南中路
하남중로역
國際客運碼頭
국제여객부두
東方明珠 동방명주
北西路
南西路
人民廣場站
人民公園 인민공원 黃浦區
外灘 외탄
延安東路隧道 연안동로터널
石門一路站
석문일로역
人民廣場站
陸家嘴站 육가취역
浦東大道站
陝西南路
茂名南路
人民廣場
임민광장
廣東路
濱江大道 빈강대도
新樂路
延安東路
金陵東路
東昌路站
陝西南路站
섬서남로역
延安高架橋
黃陂南路站 황피남로역
城隍廟
성황묘
豫園 예원
浦城路
地鐵2號線
지하철2호선
復興公園
부흥공원
新天地
신천지
西藏南路
東方路站
동방로역
瑞金二路
復興中路
河南南路
東街
浦東南路
浦電路站
南北高架橋
建國東路
泰康路
東街
柴霞路
浦電路
瑞金南路
打浦路
陸家濱路
斜土東路
董家渡路
中山南路
塘
未

게의 참맛

게의 참맛

중국의 해안도로는 북쪽의 요녕성(遼寧省)에서부터 남쪽의 광시성(廣西省)까지 연해의 각 성을 연결하며 길게 뻗어 있다. 각 성에서 바다로 이어지는 호수들은 모두 게의 서식지이자 생산지라고 할 수 있는데, 그중 양징호(楊澄湖)의 민물 털게(大閘蟹: 따쟈시에)는 단연 으뜸이다. 왜 사람들은 특별히 양징호의 민물 털게를 좋아하는 것일까? 양징호는 수질이 매우 뛰어나 수초와 물고기 등, 게의 먹이가 풍부하다. 그러므로 이곳에서 서식하는 민물 털게는 살이 꽉 차있고, 육질이

수게와 암게를 어떻게 구별할까?

수게:배의 무늬가 뾰족하고, 집게발이 굵으며 힘이 좋다.

암게:배의 무늬가 둥그스름하며, 집게발이 작고 아담하다.

건강하게 게를 먹는 방법

게는 맛은 뛰어나지만 차가운 성질을 가지고 있어 위장이나 피부가 약하고 체질적으로 냉이 심한 사람들은 되도록 먹지 않는 것이 좋다. 또 게의 알은 콜레스테롤이 높기 때문에 고혈압이나 심장병 환자 및 노인들에게는 좋지 않다.

게는 일단 죽으면 세균이 쉽게 번식하므로 죽은 게는 먹지 말고, 반드시 완전히 익혀 뜨거울 때 먹어야 한다. 게는 뜨거울수록 맛있고 식으면 비린내가 나기 때문이다.

게를 먹을 때에는 반드시 위와 심장 및 폐를 제거해야 한다. 위에는 흙이 들어있고, 폐와 심장은 맛이 없으면서 한기가 차있으므로 건강에 해롭다. 게를 먹은 후 술이나 생강차를 마셔서 냉기를 덜어주자.

뛰어난 것이다. 그래서 한번 맛을 본 사람들은 그 맛을 잊을 수 없게 된다.

현재 대부분의 민물 털게는 인공 양식으로 대량 생산되어 사시사철 맛볼 수 있게 되었다. 그러나 민물 털게의 참맛을 보기 위해서는 역시 가을(음력 9월~11월)이 가장 좋다. 중국 사람들은 '9월은 암게이고, 10월은 수게이다.'라고 말하는데, 이는 음력 9월은 암게의 살이 가장 많이 올라있는 시기이고, 10월은 수게의 집게발이 가장 맛있는 시기이기 때문에 생긴 말이다.

게 요리에 대해 해박한 지식을 가지고 있는 애호가들은 보통 수게를 즐겨먹는다. 암게의 노란 알들은 콜레스테롤 수치가 높지만 수게의 집게발에는 활성단백질이 풍부하여 피부미용에 좋고 면역력을 키우는 작용을 하기 때문이다.

양징호와 가까운 상해는 민물 털게를 가장 먼저 맛볼 수 있는 도시이다. 크고 작은 식당에서 모두 민물 털게 요리를 선보이는데, 그중 유명한 몇 곳을 소개해본다.

진정한 민물 털게란?

검푸른 빛을 띤 등껍질: 등이 검푸른 빛을 띠고 윤기가 흐르며, 매끄럽고 감촉이 좋다.

하얀 배: 배의 색은 흰색에 가까우며, 표면에는 어떤 흔적도 없다.

노란 털: 다리털이 길고 꼿꼿하며 금빛을 띠고 있어 일반 게와 쉽게 구분이 가능하다.

금색 집게발: 금색 집게발은 힘이 좋고 단단하다.

신광 주가

新光酒家

- P88A1, P145A4
- 지하철 2호선 河南中路역에서 도보 약10~15분
- 上海市天津路512號
- (021)6322-3978
- (점심)11:00~14:30
  (저녁)17:00~22:00

　3층 규모의 신광 주가는 70~80명을 동시에 수용할 수 있지만 사전예약을 하지 않으면 좌석이 거의 없다. 이곳은 기온이 영하로 떨어지는 추운 날에도 한산한 거리와는 대조적으로 늦은 저녁까지 손님들로 북적인다. 가끔 어떤 손님들은 게가 다 팔렸다는 말을 듣기 전까지 계속해서 기다리기도 한다.

　신광 주가가 이렇게 사랑받는 이유는 직접 양징호의 양식장을 운영하여 좋은 민물 털게만 요리에 사용하는 것은 물론 상해에서 손꼽히는 실력을 소유한 요리사가 있기 때문이다.

　신광 주가의 주방장은 이미 60세가 넘었지만, 자신만의 요리 비법을 가지고 손님들의 감탄을 자아내는 요리를 만들고 있다. 다른 식당과 비교했을 때 신광 주가의 가격은 저렴한 편은 아니지만 이곳의 요리는 모두 수준급이다. 실제로 많은 사람들이 이곳의 요리는 비싸도 일단 맛을 보고 나면 이곳만 찾게 된다고 한다.

　'칭쩡시에'라는 요리를 맛보면 이 식당의 민물 털게가 얼마나 맛있는지 알 수 있게 된다. 이곳에서 요리에 쓰이는 민물 털게의 무게는 보통 300g이다. 손님들 대부분은 수

게만 찾으므로 신광 주가에서는 수컷만 판매하며 가격은 한 쌍에 200위안이다.

이밖에 이곳의 대표 요리인 '시에까오샤오인피(580위안)'는 게살을 얇은 녹말묵과 함께 요리한 것으로 맛이 뛰어나며 고소한 향이 후각을 자극한다. 이 요리를 먹을 때는 혀끝으로 맛을 음미하며 먹어야 진정한 맛을 느낄 수 있다. '칭쩡시에치엔(380위안)'은 민물 털게를 확실하게 맛볼 수 있는 요리로 담백하고 고소하면서 신선한 맛이 특징이다. 신선한 게살은 쫄깃하면서도 씹는 맛이 좋다. '시에황샤오위츠(320위안)'는 게의 알과 기름을 중국식 햄과 함께 7시간 동안 삶은 요리로 역시 강력 추천메뉴이다.

게를 맛있게 먹는 방법

신광 주가의 사장이 직접 가위를 이용해 게를 제대로 맛있게 먹는 방법을 보여주었다.

1. 우선 게의 집게발과 두 번째의 한 쌍을 제외한 나머지 다리를 가위로 자른 후 다리를 반으로 부러뜨린다.

2. 반으로 부러뜨린 다리의 양쪽 끝을 가위로 자르고, 자른 다리의 끝인 뾰족한 부분을 이용해 다리 속의 게살을 밀어낸 후 조미 간장에 찍어서 입으로 빨아들인다.

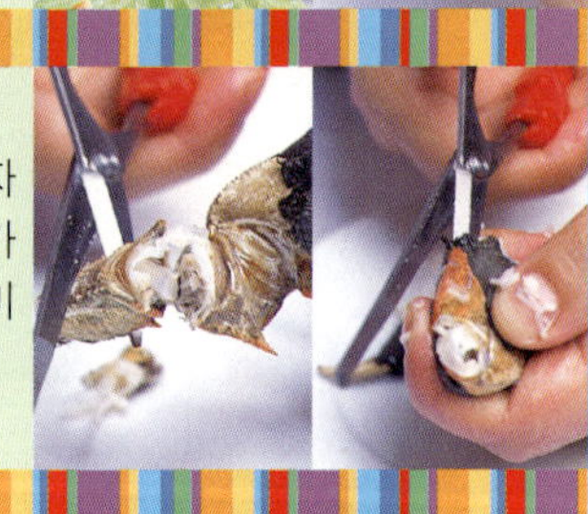

3. 이어서 집게발의 돌출부분을 자르고, 다시 가위로 중간부분을 가로질러 살코기를 집어낸 후 조미 간장에 찍어서 먹는다.

4. 게의 등껍질을 손으로 열고, 위, 심장, 폐를 제거한 후 게살들을 등껍질에 넣고 조미 간장과 함께 섞어 먹는다.

5. 부러뜨린 게 다리와 게 몸통 부분을 반으로 부러트린 후 조미 간장에 찍어서 1번의 방법으로 먹는다.

왕보화 주가

王寶和酒家

- P88A1
- 지하철 1호선, 2호선 이용, 人民廣場역에서 하차 후 도보 약5~10분
- 上海市福州路603號
- (021)6322-3673
- (점심)11:00~13:00
  (저녁)17:00~21:00
  (스페셜만찬)17:00~20:30
- 300~880위안

왕보화 주가의 역사는 청나라 건륭황제 9년까지 거슬러 올라간다. 당시 소흥(紹興)사람인 왕씨가 최초로 소흥에서 식당을 오픈하고, 후에 상해로 옮기면서 오늘날 게 요리로 유명한 식당이 되었다.

10월에서 1월 사이의 민물 털게 시즌에는 예약이 어려우므로 적어도 2주 전에 예약을 해야 한다.

왕보화 주가는 민물 털게 요리 전문점으로 양징호의 전용 양식장에서 공급되는 최상급 게만을 사용한다. 이 최고 품질의 민물 털게는 '중화 제일 게'라고도 불린다.

'칭차오시에펀'은 왕보화의 대표 요리이다. '시에펀냥위뚜'는 맛이 담백하고 부드러워 꼭 한번 맛봐야 할 추천메뉴이다.

민물 털게의 계절은 왕보화 주가의 매출이 가장 높은 시기이기도 하다. 물론 다른 계절에도 민물 털게를 맛볼 수 있지만 상해 사람에게 있어서는 가을이 가장 적절한 계절이라고 할 수 있다.

상해 호텔 레스토랑
Shanghai Classic Hotel

P88B2

1.지하철 1호선, 2호선 이용, 人民廣場역에서 하차 후 1번, 4번 출구에서 930, 980번 버스로 환승, 福佑路에서 하차
2.지하철 2호선 河南中路역에서 하차 후 河南中路 또는 福州路 방향 출구에서 66, 929번 버스로 환승, 福佑路에서 하차

上海市福佑路242號

(021)6311-1777

(점심)11:00~14:00
(저녁)17:00~22:00

상해 사람들은 적어도 100년이 넘은 역사를 가진 식당에서만 게의 참맛을 볼 수 있다고 말한다. 상해 토박이들이 자주 찾는 이곳은 예원(豫園)에 위치하고 있으며, 1875년에 문을 연 오래된 식당이다.

상해 호텔 레스토랑의 원래 이름은 '영순관(榮順館)'이었다. 지금도 로비에 들어서면 옛 상점명이 새겨진 간판을 볼 수 있다. 시간이 흘러 사람들이 모두 오래된 식당이라는 뜻인 '上海老飯店(Shanghai Classic Hotel)'이라고 부르게 되었고, 지금은 상해에서 모르는 사람이 없을 정도로 유명해졌다. 이곳의 '빠바오야', '샤오회이위', '자오뿨터우', '커우산쓰'와 '샤즈따냐오썬' 등은 모두 국내외 귀빈을 접대할 때 올리는 최상급 요리이다.

100년이 넘게 계승되어 온 게 요리 비법 덕분에, 민물 털게의 제철이 되면 단골들이 줄을 이어 찾아온다. 로비에는 수게와 암게를 각각 한 마리씩 달아 놓아 손님들을 더욱 유혹하고 있다.

상해 호텔 레스토랑의 민물 털게는 곤산팔성(昆山八城) 양징호의 전용 양식장에서 들여온 것이다. 요리에 사용되는 모든 게는 품질이 보장되는 일등급 게이다.

'칭쩡 따쟈시에(한 쌍 88위안)'는 일반 사람들이 가장 많이 찾는 요리로, 민물 털게의 담백한 맛을 가장 잘 살린 요리이다. 청주에 민물 털게를 10분정도 담갔다가, 다시 끓인 물에 생강, 파, 야채를 넣고 끓인 다음 게를 넣어 익을 때까지 끓이면, 게살의 담백한 맛을 혀끝에서 느낄 수 있다.

이런 담백한 맛을 내기 위해서는 게의 품질도 뛰어나야 하지만 주방장의 요리 실력도 뛰어나야 한다. 이곳의 주방장인 이백룡(李伯龍)은 상해 사람으로, 50년이 넘는 요리 경력으로 상해의 유명한 요리들을 개발했을 뿐만 아니라 현재도 미식계에서 손꼽히는 요리사이다.

소남국

P149A3

버스 833, 911번 승차, 武警醫
院에서 하차

上海市虹梅路3337號(虹梅店)

(021)6292-6209

(점심)11:00~14:00
(저녁)17:00~21:30

밝고 번쩍이는 높은 대문부터 다른 식당과는 다른 분위기이다. 문을 들어서면 가장 먼저 넓은 로비가 나타난다. 기다리는 사람이든 식사를 마친 사람이든 모두 이곳에서 따뜻한 차를 마시고 잡지를 뒤적이며 편안하게 쉴 수 있다. 분홍색의 일본식 유니폼을 입은 종업원을 따라 식당 안으로 들어가면 화려한 기둥이 서있고 아치형 통 유리창을 통해 바깥의 풍경을 감상할 수도 있다. 반짝이는 샹들리에는 내부를 밝게 비추어 고풍스럽고 낭만적인 영국의 분위기를 느끼게 해준다. 하지만 이곳은 레스토랑이 아니라 상해요리 전문점이다.

매년 가을이 되면 사람들은 자연스레 소남국의 게 요리를 떠올린

다. 이곳에서 사용하는 게는 양징호 파성진(楊澄湖巴城鎮)에서 직접 공수된 것으로, 정부기관의 품질 보증서도 가지고 있다.

'시에펀차오니엔까오(68위안)'는 게살과 게의 알을 찰떡과 함께 섞어 볶은 것으로 쫀득하면서도 달콤한 맛이 일품인 이곳의 대표적인 요리이다. 게살과 게 알, 다진 고기로 만든 '시에펀샤오빠오(38위안)'는 생강과 소스와 함께 먹으면 둘이 먹다 하나가 죽어도 모를 정도로 맛있다. 단, 식기 전에 먹어야 제맛을 볼 수 있다.

소남국의 단골손님들은 모두 '워시에'를 추천한다. 이 요리는 게에 양념을 뿌려 생으로 먹는 요리로, 절강(浙江) 부근 바다에서 잡힌 '수즈시에(한 쌍 58위안)'를 사용한다. 이 게의 특징은 살이 부드럽고 육질이 뛰어나며 고소하다는 것이다. 중국 온주(溫州)의 게 요리 방법을 본따 상해 사람의 입맛에 맞게 바꿨다. 소남국의 사장은 '원시에'의 원조는 바로 이곳이라고 자신 있게 말한다.

송기향랄해

宋記香辣蟹

- P8
- 824, 54, 922번 버스 승차, 曹家渡역에서 하차
- 上海市万行渡后路19號(滬西店)
- (021)6225-7788
- 11:00~22:00

지금은 인공양식장이 많아 일 년 내내 게를 먹을 수 있지만 게의 참 맛을 보기 위해서는 역시 가을이 가장 좋은 시기이다. 하지만 이 시기를 놓친다 해도 걱정할 필요가 없다. 계절의 구분 없이도 게의 참 맛을 볼 수 있는 송기향랄해가 있기 때문이다.

2001년, 이곳의 게 요리는 등장하자마자 많은 인기를 얻었다. 상해 사람들은 원래 매운 요리를 좋아하지 않는다. 그러나 송기향랄해가 이 전통을 깨고 많은 사람들의 입맛을 바꾸어 남녀노소 할 것 없이 매콤한 게 요리를 즐겨먹게 되었다.

송기향랄해는 송씨네 세 형제가 함께 개발한 것이다. 첫째인 송학흠(宋學欽)이 사천성(四川省)의 샤브샤브에서 영감을 얻어 식당을 개업

했다. 모든 조미료는 사천성에서 직접 수입한 것으로, 상해 사람의 입맛에 맞게 다시 배합하였다. 매운 음식을 싫어하는 상해 사람들도 점점이 매운 맛에 빠져 들었다. 심지어 이 요리를 모방하려는 사람들도 생겨났다.

송기향랄해는 보통 식당에서 사용하는 대게를 사용하는 것이 아니라 직접 운남성(云南省)의 곤명(昆明)에서 비행기로 운송된 '철게'를 사용한다. '철게'는 껍질이 얇고 육질이 부드러워 양념이 잘 스며드는 것이 특징이다. 모든 게는 24시간 내에 식탁에 올려지며 손님이 직접 게를 고르면서 신선함을 눈으로 확인할 수도 있다.

일단 손님이 게를 고르면 바로 주방으로 보내진다. 세척을 한 후 뜨거운 기름에 볶고, 2분 후에 양념을 뿌리면 완성된다.

'철게'는 한 마리당 180g이 넘으며, 손바닥만 한 크기로 육질이 부드럽다. '철게'에 찰떡, 땅콩을 곁들여 먹으면 미묘한 맛을 느낄 수 있다.

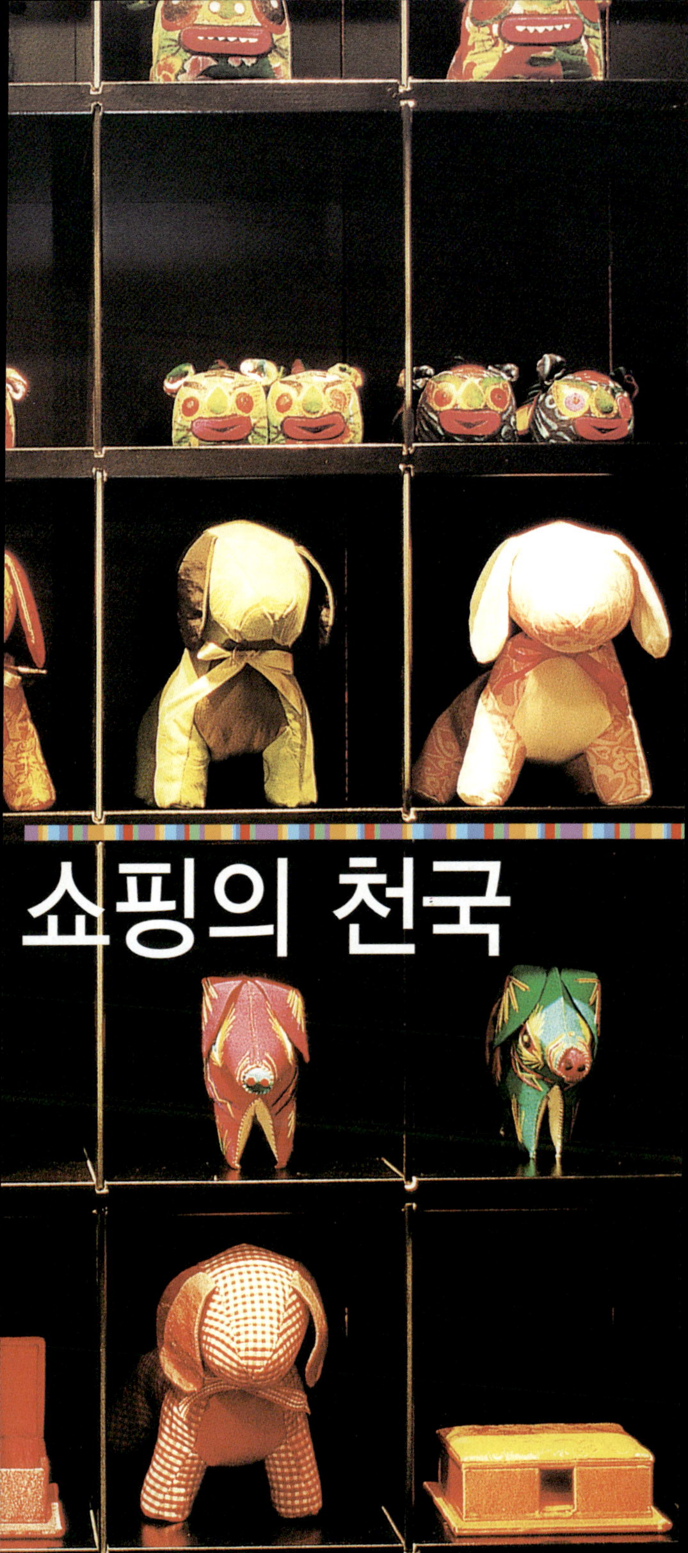

쇼핑의 천국

장락로

長樂路 창러루

길게 뻗은 장락로를 걷다보면 개성 있는 상점들이 눈에 띌 것이다. 들러볼 만한 가게 몇 곳을 소개해 보았다. 마음껏 신나게 쇼핑을 즐겨보자!

고왕금래

古往今來 (치파오 전문점)

 P27B1
 上海市長樂路169弄6號
 (021)6466-5981
 10:00~22:30
 치파오-약 490위안, 당장(唐裝: 탕좡, 고대 당나라의 복장) 및 외투-약 480~780위안

　상해에 가면 중국식 전통의상을 한 벌쯤 구입하게 된다. 장락로에는 많은 중국 전통의상 가게들이 있지만 디자인이나 무늬 등이 지나치게 전통적이어서 거부감이 들 수도 있다. 현대식으로 개량된 중국 전통의상을 원한다면 고왕금래에 가보자.

작고 아담한 가게이지만 안에는 수백 벌의 치파오와 남녀 전통 외투가 진열되어 있으며, 모든 의상은 가게 여주인이 직접 디자인하고 제작한 독특한 옷들이다.

　이곳의 옷들은 좋은 소재와 세련된 디자인으로 인기를 끌고 있다. 전통의상의 소매를 기모노 스타일로 한다던가, 어깨부분을 움푹 파이게 만들어 고대 중국 전통복장을 유행하는 스타일로 새롭게 변신시켰다.

셔츠 플래그

Shirt Flag

 P27B1
 上海市長樂路336號
 (021) 6255-7699
 11:00~22:30
 티셔츠 약 230위안, 모자 60위안, 핸드백 480위안, 청바지 약 280위안

　상해에서 문화혁명시대를 주제로 한 상품들은 끊임없는 이슈가 된다. 셔츠플래그는 모택동(毛澤東), 뇌봉(雷鋒), 홍위병(紅衛兵) 그림, 당시 선전지, 농촌 공인들의 사진

등 문화혁명 시기의 사상과 실용성이 물씬 풍기는 무늬와 디자인의 신발, 모자, 핸드백, 티셔츠 등을 판매한다. 개성을 추구하는 젊은이들이 많이 찾고 있다. 젊고 세련된 디자인에 옛 역사를 새로이 담아내는 방식으로 성공을 거둔 곳이다.

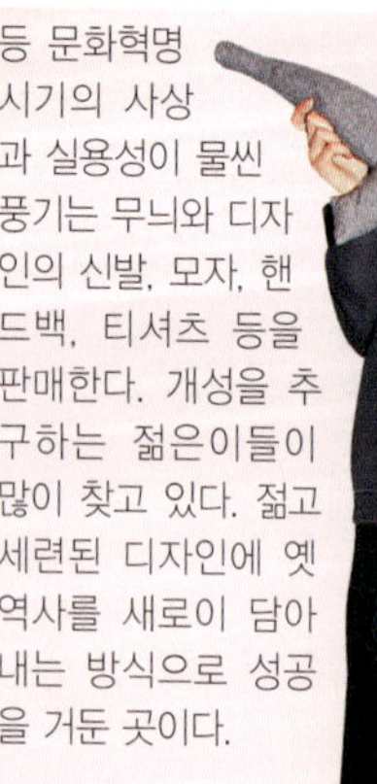

P40B2 + P41A2

지하철 1호선 陝西路역 또는 常熟路역에서 하차 후 도보 약 10〜15분

피에이치7

PH7 (실버 액세서리)

P27B1

上海市長樂路342號

(021)6253-8670

11:00〜22:00

귀걸이 150위안부터, 반지 200위안부터, 목걸이 250위안부터

이곳의 사장인 양승파(楊勝波)는 2년 전, 중국 서남지역에서 은을 생산하는 남편의 후원과 자신의 디자인 감각을 기반으로 실버 액세서리점 PH7을 오픈했다. 이곳의 은제품은 모두 양사장이 직접 디자인하고 제작한 것으로, 95% 순은을 사용한다. 소박하면서도 독특한 디자인으로 오래 두어도 질리지 않으며, 손으로 직접 만든 것이기 때문에 똑같은 디자인이 없다는 것이 특징이다.

중국날염전시관
中國藍印花布館

- P27A2
- 上海市長樂路637弄24號
- (021)5403-7947
- 9:00~17:00
- 상의 200위안부터, 핸드백 위안75부터, 장난감 68위안부터

이곳은 날염제품 가게이자 전시장이기도 하다. 날염 공예기술을 이어 받을 사람들이 줄어들자 정부기관에서 이 중국날염전시장을 세우게 되었다.

날염은 전부 수작업으로 진행된다. 파라핀으로 무늬를 그린 천을 천연 식물염료로 여러 번 염색하여 퇴색되지 않는다. 100%면을 사용하는데다가 남색 바탕에 하얀 무늬가 우아하게 어우러져 많은 여성들의 사랑을 받고 있다.

이곳에 가면 날염 제작과정을 참관할 수 있고 다양한 디자인의 날염제품을 구매할 수 있다. 상의에서부터 중국 전통복장, 외투, 모자, 신발 심지어 술병커버, 장난감까지 두루 갖추어 놓았다.

랩/ 원 바이 원
Lab/One by One

- P27B1
- 上海市長樂路290號
- (021)6385-8876
- 11:00~22:30
- 약 300~1,000위안

원 바이 원은 현재 상해에서 가장 인기 있는 네 명의 디자이너들이 뭉쳐 공동으로 오픈한 매장이다. 이곳에서 판매하는 모든 옷들은 그들이 직접 디자인한 것으로 화려한 디자인과 장식으로 승부하기보다는 다양한 재단을 통해 유행을 만들어가는 스타일로 레이어드룩에 적합한 옷들이다.

한편 탈의실은 욕실처럼 꾸미고 계산대는 세면대로 만들어 놓는 등, 독특한 매장 인테리어를 자랑한다. 그런 매장의 분위기가 Lab(실험실)이라는 가게 이름과도 잘 어울린다. 이곳의 의상 또한 유행의 틀에서 벗어나 강한 도전정신을 연출할 수 있는 것들이 많아 개성을 추구하는 젊은 이들에게 환영받고 있다.

추우/식초당

醜牛／食草堂

- P27A1
- 上海市陝西南路162號(長樂路부근)
- (021)5404-6162
- 10:00～22:00
- 소품 약 100위안, 가방류 400～2,000위안

주로 가죽제품을 취급하고 있다.

지갑에서 핸드백, 여행가방 등 종류가 다양하며 젊은 층에 맞게 디자인 된 제품들이다.

모든 제품은 소가죽을 사용하여 수작업으로 만들어진 것들로 천연 가죽을 인공적으로 가공하지 않아 원시적인 느낌이 그대로 느껴진다.

웨스트멘드

西門町 Westmend

- P27A1
- 上海市陝西南路39弄77號
- (021)5403-2062
- 10:00～22:00
- 250～500위안

이곳은 젊은 여성들이 즐겨 찾는다. 매장의 모든 옷은 공주 풍으로 디자인되어 있는데 리본장식, 풍성한 레이스로 꾸며져 있어 옷을 입은 모습이 한 마리의 나비를 연상케 한다.

일본 브랜드로 상해에 4개의 체인점이 있으며, 중국, 대만, 홍콩에서 유행하는 일본이나 한국디자인으로 젊은 여성들에게 인기가 많다.

더 씽

The Thing

- P27B1
- 上海市長樂路266號
- (021)638-5207
- 11:00～22:30
- 티셔츠 90위안, 신발 160위안, 핸드백 150위안

북경의상학교의 디자인학과를 졸업한 정일(鄭一)

이 문을 연 이 개성 넘치는 옷가게 안에는 젊은이들이 즐겨 입는 티셔츠와 가방들이 주로 전시되어 있다. 대부분이 그가 직접 디자인한 것이고 일부는 다른 디자이너들과 협력하여 만든 것이다.

그의 손을 거친 것들은 어느 것 하나 개성적이지 않은 것이 없다. 이곳의 상품들을 자세히 살펴보면 그의 감각이 그대로 녹아 있다는 것을 알 수 있다. 좋은 물건을 보다 많은 사람과 함께 공유하고자하는 사장의 의지를 담아 가격을 낮게 책정하여 많은 사람들의 사랑을 받고 있다.

거록로

巨鹿路 쥐루루

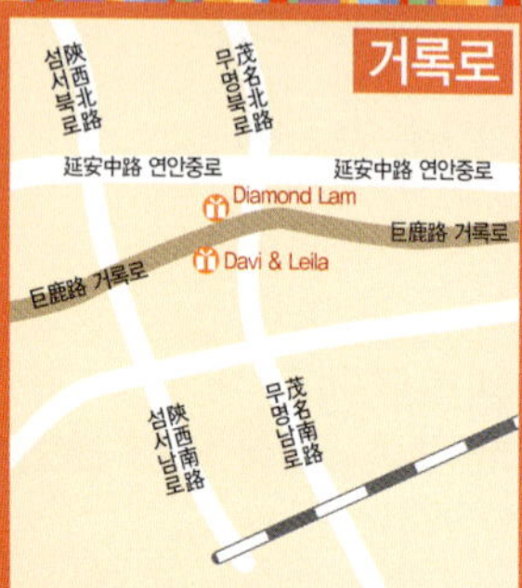

장락로(長樂路)에서 북쪽으로 조금만 가다보면 거록로(巨鹿路)에 다다른다. 이 길은 비록 짧지만 괜찮은 가게들이 많으므로 쇼핑하기 좋은 곳이라고 할 수 있다.

교통정보

- P40B2 + P41A2
- 지하철1호선 陝西南路역 또는 常熟路역에서 하차 후 도보 약 15~20분

다비 앤드 레일라
Davi & Leila

- P30
- 上海市巨鹿路403號
- (021)6258-3375
- 월~목 10:30~21:30
  토~일 10:00~22:30
- 귀걸이 480위안, 은제품 258~650위안

체코유리제품 전문점이다. 체코 유리는 정교하고 투명도가 뛰어나다는 특징을 가지고 있다. 이 가게에서 파는 체코유리제품은 모두 체코 현지의 디자이너가 직접 디자인하고 만든 것으로, 다른 곳에서 찾아볼 수 없는 독특함이 가득하다.

유리제품 외에 은으로 만든 액세서리도 판매하는데, 소박하고 심플하여 손님들이 많이 찾는다.

다이아몬드 램(핫 픽스 전문점)
Diamond Lam

- P30
- 上海市巨鹿路304號
- (021)6215-1854
- 화~목12:00~21:30
  금~일11:00~22:00
- 일요일
- 한 벌 당 180~670위안

이곳은 고객이 도안을 선택하면 의류나 핸드백에 고온 압축방식을 사용하여 비즈를 붙여주는 곳이다. 주로 한국산 큐빅이 사용되고 있다. 현재 점포 내에는 유명인사의 초상화에서부터 만화캐릭터, 영화주인공, 스포츠선수 등 100여

개의 다양한 도안이 있어 선택의 폭이 넓다.

긴팔 민무늬 티셔츠는 무료로 제공하므로 손님들은 도안의 가격만 지불하면 된다. 가격은 도안의 색상과 정교함에 따라 다르다.

태강로

太康路 타이캉루

태강로는 상해에서 문화적인 분위기의 개성 넘치는 가게들이 밀집한 지역으로 쇼핑하는 내내 많은 즐거움을 느낄 수 있을 것이다.

금분세가

金粉世家

- P31
- 上海市太康路210弄3號110室
- (021)6466-8065
- 10:00~20:00
- 치파오 1,000위안부터

금분세가에 들어서면 볼 수 있는 중국의 전통의상들은 3명의 현지 디자이너들이 정성을 쏟아 만든 것으로 독특한 디자인으로 인기가 많다.

디자이너 중의 한 명인 이가림(李嘉林)씨에 의하면 본 매장에서 사용되는 원단은 중국에서 생산된 100% 실크원단이라고 한다. 모든 의상은 직접 수공으로 만들어져 바느질과 자수가 세심하고 정교하다.

이곳은 전통의상부터 개량의상까지 모두 구비하고 있다. 디자이너들은 또한 다른 나라의 전통의상의 특징을 중국 전통의상과 결합하여 기모노의 깃, 아오자이의 끝단을 가진 치파오 등 다채로운 멋을 가미시켰다.

교통정보

- P41A3
- 1.지하철 1호선 陝西路역 또는 黃陂路역에서 하차 후 도보 약 20~30분 2.버스 17, 24, 42, 96번 승차, 瑞金二路에서 하차 후 43번 버스로 환승, 打浦橋에서 하차

인 에스에이치
in sh

- 🔺 P31
- 🏠 上海市太康路200號
- ☎ (021)6466-9581
- 🕐 10:30~21:00
- 💲 티셔츠 138위안
  핸드백 298위안
- 🌐 www.insh.com.cn
  in sh란 in shanghai 라는 뜻

이다. 이곳에서는 상해와 관련된 옷과 액세서리를 주로 판매한다. 점포 내에 진열된 상품들은 정교할 뿐만 아니라 한창 유행하고 있는 것들이 많다. 의류 외에도 상해 생활을 주제로 한 음악, 인쇄, 촬영과 관련된 상품들이 있어 마치 보물찾기를 하는 것 같은 기분이 들게 된다.

유라키
Yulaki

- 🔺 P31
- 🏠 上海市太康路248弄50號
- ☎ (021)6467-7948
- 🕐 12:00~18:00
- 休 수요일
- 💲 기모노 1,500위안
  부터

일본의 전통기모노와 의상을 판매하는 이곳의 옷들은 정교하고 우아해 사람들의 눈길을 사로잡는다.

이곳에서 판매되는 기모노는 원래의 우아

한 분위기에 현대적 디자인감각을 결합하여 청바지와 스커트에도 매치가 잘 되도록 개량된 것이다.

이곳에서는 새 옷만 파는 것은 아니다. 일본의 시장에서 수집한 구제 기모노나 몇십 년이나 지난 고가의 기모노가 수선과 개량을 통해 세상에서 단 하나뿐인 옷으로 재탄생된다. 가격도 합리적인 편이다.

삼모 수제 가죽공방
三毛手工皮藝坊

- 🔺 P31
- 🏠 上海市太康路210弄51號
- ☎ (021)5466-6180
- 🕐 10:00~18:30
- 💲 300위안부터
- 🌐 www.stooy.com

이곳의 주인인 주정(朱靜)은 자신이 가죽제품을 좋아한다는 이유로 가죽공방을 열었다. 후에 자신의 브랜드를 개발하여 남편의 어렸을 적 이름 '삼모(三毛)'를 따서 점포를 오

픈하였다.

주정의 가죽제품은 최고의 천연 가죽을 사용하여 품질이 뛰어날 뿐만 아니라 정교한 제작, 개성 있는 디자인으로 인기가 많다. 모두 수제이므로 같은 제품이라도 약간의 차이는 있다.

라비에
Lavie

- P31
- 上海市太康路210弄7號
- (021)6445-3585
- 11:00~20:30
- 상의 250위안부터, 외투 1,000위안부터
- www.lavie.com.cn

라비에는 상해의 젊은 디자이너 길승(吉承)이 디자인한 브랜드이다. 젊고 아름다운 그녀는 이탈리아에서 의상디자인을 공부했던 재원으로 우아하고 로맨틱한 분위기의 옷을 만들어냈다. 이곳의 옷을 입으면 더욱 아름답고 우아한 자태를 뽐낼 수 있다. 게다가 라비에는 중국 전통의상에 쓰이는 원단을 현대적으로 활용하여 색다른 멋을 풍긴다. 예를 들어 중국 동북지역의 목단화 무늬의 원단이나 문화혁명 시기 녹색 군복의 원단을 유행하는 디자인으로 만들어 그만의 독특한 멋으로 많은 외국인들의 사랑을 받고 있다.

석이집
石怡集

- P31
- 上海市太康路210弄11號
- (021)6467-4818 내선801
- 일~목10:00~19:00
- 금~토10:00~20:30
- 30위안부터

석이집(石怡集)은 선물 가게이다. 매장 내에는 각종 소품과 인형으로 가득해서 보는 것만으로도 즐겁다.

사장인 시일인(施一仁)은 이미 2개의 점포를 가지고 있다. 그중 하나는 중국 전통의상을 판매하는 곳이고, 다른 하나는 중국식 가구와 선물용품을 판매하는 곳이다. 이곳의 상품들은 사장이 상해의 곳곳을 두루 다니며 수집한 것들로 다른 곳에서는 볼 수 없는 희귀한 것들도 많다. 또, 정교한 디자인으로 많은 손님들의 사랑을 받고 있다.

어떤 상품들은 사장의 대만친구들이 디자인한 것들인데, 중국에서는 유일하게 이곳에서만 판매되고 있으며 가격도 저렴하다.

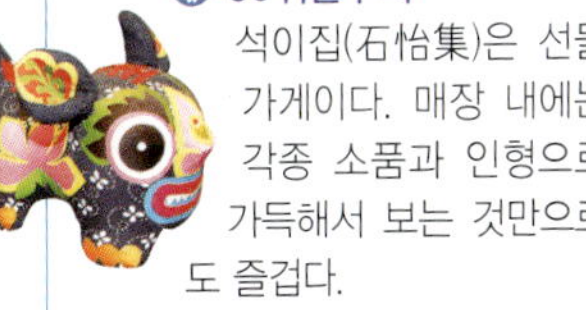

CHINA TELECOM

상해 지하철 유람

36 **1호선**

84 **2호선**

142 **3호선**

石 库 门
SHIKUMEN

里廂
EN HOUSE
지하철
1호선
38 서가회 역
48 형산로 역
54 상숙로 역
56 섬서남로 역
66 황피남로 역
80 인민광장 역

서가회

徐家匯站 쉬쟈회의짠

명소

서가회 성당

徐家匯天主堂

P40A4

지하철역에서 도보 3~5분

서가회 성당은 2500명을 수용할 수 있는 상해에서 가장 큰 천주교 성당이다. 아편전쟁 이후 상해에서 첫 번째로 세워진 천주교 성당으로 1906년에 건축하기 시작하여 1910년에 완공되었다.

1603년 서광계(徐光啓: 명나라의 학자, 정치가)는 중국 난징에서 세례를 받은 후 정식으로 천주교 신자가 되었다. 1608년, 상해가 개방된 후부터 천주교는 신속하게 퍼지기 시작했으며 17세기 중반 상해

서가회
徐家匯

P40A4

지하철역에서 바로

서가회에서 가장 중요한 상업지역은 화산로(華山路), 홍교로(虹橋路), 조서북로(漕西北路), 필가로(筆嘉路)와 흥형로(興衡路)의 교차지역으로, 상해의 새로운 번화가로 부상하고 있다.

이 거리에는 동방 빌딩(東方大厦), 항회 광장(港匯廣場), 태평양 백화점(太平洋百貨), 미라성(美羅城) 등이 들어와 있으며 서로 경쟁이 치열하기 때문에 상품 종류, 진열, 인테리어에 신경 쓴 흔적이 역

력하다. 쇼핑의 천국으로 불리며 상해에서 가장 인기 있는 쇼핑지역이다.

지역에는 이미 5만 여명의 천주교인이 생겨나게 되었다. 19세기에 들어서는 프랑스에서 선교사를 파견했는데 그들이 서광계의 묘지 주변에 모이게 되면서 점점 천주교인의 구역이 형성되었다. 비록 정부에서 천주교를 금지하고 문화혁명시기에 천주교가 탄압되었지만 역사적인 의의는 여전하다.

서가회 성당은 중국 최초의 서양식 디자인으로 건축된 성당이다. 두 개의 탑은 높이가 31m이며, 종탑 높이는 60m, 전체 높이는 79m이다. 내부에는 64개의 화려한 기둥이 건물을 지탱하고 있다. 이 성당은 반드시 천주교 신자와 함께 출입을 하도록 되어있다.

상해 지하철 1호선, 2호선 주변도

A
B

新聞路
靜安區 정안구
北京西路
Mint
銅仁路
Ritz Carlton Hotel 리츠 칼튼호텔

地鐵2號線 지하철2호선
江蘇路
鎭寧路
愚園路
靜安寺 정안사
久光百貨 구광백화점
江蘇路站 강소로역
百樂門大酒店 백락문호텔
靜安寺站 정안사역

福 1039 복1039
原創松房菜 원창사방요리
靜安公園 정안공원
美麗園龍都大酒店 미려원용도호텔
國際貴都大酒店 국제귀도호텔
華山路
延安中路

上海戲劇學院 상해희극학원
靜安希爾頓飯店 정안힐튼호텔
Vip room
延安飯店 연안호텔
上海賓館 상해호텔
靜安賓館 정안호텔
巨鹿路 거록로
富民路

保羅酒樓 보라주루
毛豆阿姨酒家 모두아이주가
長樂路 장락로
延慶路

興國賓館 흥국호텔
丁香花園 정향호텔
烏魯木齊路
大公館(東湖賓館杜月笙故居) 대공관(동호 호텔두월생옛집)
興國路
湖南路
復興西路
地鐵1號線 지하철1호선
常熟路站 상숙로역
上海音樂學院 상해음악학원
華山路
Cotton Club 코튼클럽
復興中路

天泰 천태
Sasha 사샤레스토랑
東平路
普希金紀念塑像 푸슈킨기념동상
慶余賓館(南樓) 경여호텔(남관)
吳興路
高安路
楊家廚房 양가주방
樂加饊鬆 낙가이송
岳陽路
太原路
吉士酒樓 길사주루
宋慶齡故居 송경령옛집
余慶路
富豪環球東亞酒店 부호환구동아호텔
衡山路站 형산로역
永嘉路
南伶酒家 남령주가
西華酒店 서화호텔
天平路
康平路
安亭路
西子緣賓館 서자연호텔
衡山賓館 형산호텔
建國西路

好望角大飯店 호망각호텔
新路達商廈
宛平路
楓林路
徐家匯天主堂 서가회성당
東方商廈
港匯廣場 항회광장
匯金百貨
上海六百
宛平賓館 완평호텔
醫學院路
太平洋百貨 태평양(SOGO)백화점
復旦大學醫學院 복단대학의학원
徐家匯 서가회
淸眞路
美羅城 미라성
徐家匯站 서가회역
匯聯商廈
上海老站 상해노참
天耀橋路
海上阿叔 해상아숙
苑平南路
往雅舍賓館
아사호텔방향→
建國賓館 건국호텔
南丹東路

XIANG YANG FASHION & GIFT MARKET
郵政局

A
B
北京西路
南京西路
太平洋國際大飯店 태평양국제대반점
大華路
王家沙 왕가사
小楊生煎包 소양성지엔빠오
鳳陽路
國制飯店 국제호텔
上海城市規劃展示館 상해도시계획전시관
恒隆廣場 항룡광장
吳江路
南京西路
人民公園 인민공원
梅龍鎭 매룡진
石門一路站 석문일로역
市政府 시청
人民廣場站 인민광장역
錦滄文華酒店 금창문화호텔
海港賓館 해항호텔
石門一路
江陰路
人民廣場站 인민광장역
威海路 위해로
茂名北路
Four season Hotel 포시즌호텔
上海歌劇院 상해가극원
延安中路
人民廣場 인민광장
上海博物館 상해박물관
陝西南路
城市酒店 성시호텔
延安東路
巨鹿路 거록로
襄陽北路
襄陽飯店 양양호텔
花園飯店 화원호텔
席家花園酒價 석가화원주가
延安高架橋
新錦江大酒店 신금강호텔
金陵西路
茂名北路
錦江飯店 금강호텔
延安東路立交橋
新樂路
蘇浙會 소절회
瑞金一路
東大路古坑市場 동대로골동품시장
襄陽公園 양양공원
淮海中路 회해중로
黃陂南路站 황피남로역
陝西南路站 섬서남로역
新天地 신천지
太倉路
淮海公園 회해공원
園苑餐廳 원원레스토랑
巴黎春天
思南路
中共一大會址 중공일대회지
襄陽市場 양양시장
美臣大酒店 미신호텔
復興公園 부흥공원
興業路
盛捷高級服務公寓 성첩고급서비스맨션
濟南路
南昌路
California·EPark 97-Baci
自忠路
1931
孫中山故居 손중산옛집
重慶南路
順昌路
Lan Na Thai&Hazaras 란나타이&하자라
復興中路
瑞金賓館 서금호텔
Judy's Too
合肥路
漢源書屋 한원서옥
周公館 주공관
淡水路
瑞金二路
嘉善路
上海第二醫科大學 상해제2의과대학
建國東路
永年路
建國中路
建國西路
泰康路
徐家匯路
蒙自路
局門路
製造局路
麗園路
魯班路
大浦路
瑞金南路
大水橋路
斜土東路
斜土路
N
기호 설명 명소 식당 쇼핑 호텔 지하철

쇼핑

항회 광장
港匯廣場

- P40A4
- 지하철역에서 도보 5분
- 上海市虹橋路1號
- (021)6407-0111
- (021)6407-2800
- 10:00~22:00

　서가회가 상해에서 반드시 가봐야 할 상업지역이라면 항회 광장은 가장 놓쳐서는 안 될 쇼핑센터이다. 특히 계절상품 할인기간에는 쇼핑하는 사람들로 북적여 쇼핑 분위기와 즐거움이 넘쳐난다.

　400개 이상의 특색 있는 판매대가 갖춰져 있고 고급브랜드에서 일반브랜드까지 모두 입점해있기 때문에 변함없는 인기를 누리고 있다. 지하 1층은 식당가와 3개의 테마 매장이 있고 2층은 명품 여성브랜드 매장으로 주로 액세서리, 금은보석 등을 판매한다. 3층은 어린이 용품, 4층은 가구와 생활용품을 판매하고 있다. 5층과 6층은 요리기구도 판매한다. 그밖에 극장도 있다. 흥미로운 것은, 이곳의 점포들은 가운데 공간을 두고 원형으로 둘러싼 구조로 되어 있어 자신이 원하는 상품을 쉽게 찾을 수 있다는 점이다.

Nike Golf

　2005년 8월에 오픈한 상해의 유일한 나이키 골프용품 전문점이자 중국에서 가장 처음으로 오픈한 매장이기도 하다. 밝고 심플하게 디자인 된 매장에서는 주로 골프채,

신발, 의류, 모자, 골프공, 장갑과 백 등을 판매하고 있다. 제품들은 모두 최신 유행 스타일인데다 실용성이 뛰어나다.

A / X

조르지오 아르마니의 비싼 가격과 정상급 브랜드 이미지와 달리, A/X는 자유롭고 심플한 분위기로 패션계에서 젊은이들의 사랑을 가장 많이 받고 있다.

CK Calvin Klein

2006년 1월 항회 광장에 입점했으며 Calvin Klein시리즈 중에서도 중저가의 남녀의류를 위주로 판매한다.

5cm

홍콩에서 사랑받는 5cm는 상해에서도 성공을 거두었다. 항회 광장에 있는 매장은 비록 큰 편은 아니지만 신발에서 핸드백, 티셔츠, 바지, 외투 등 다양한 상품을 구비하고 있으며 150위안이면 실용적인 핸드백과 옷을 살 수 있다.

Maxstudio@com

미국의 디자이너가 1979년에 만든 브랜드로 우아하고 여성스러운 분위기의 옷이 대부분이다. 직업이나 장소에 관계없이 입을 수 있는 실용적인 디자인의 옷이 많다.

EVCODE

상해의 토종브랜드로 1996년에 생겼으며 젊은 여성들의 사랑을 받으며 급속도로 성장했다. 청순하고 아리따운 소녀이미지의 옷들이 가득하며 티셔츠 하나당 100위안이고 외투는 200~300위안이다.

길사 주루
吉士酒樓

- P40A3
- 지하철역에서 도보 약 15~20분
- 上海市天平路41號
- (021)6282-9260
- (점심)11:00~14:00
  (저녁)17:00~23:30

길사 주루가 새롭게 신천지(新天地)에 자리를 잡았지만 사람들은 여전히 옛 길사 주루에 대한 미련을 버리지 못했다. 길사 주루의 '홍샤오러우', '챵바이시에', '처우떠우푸(발효된 두부)'의 미묘한 맛은 누구도 흉내 낼 수 없었기 때문이다.

특별한 인테리어나 요란한 간판을 갖추지 않아 쉽게 지나칠 수 있지만, 식사 시간만 되면 이 곳은 사람들로 북적인다. 특히 저녁때에는 예약을 안 하

해상아숙
海上阿叔

- P40A4
- 지하철역에서 도보 약5~10분
- 上海市天耀橋路211號
- 10:00~22:30

해상아숙은 "맛있게 만들자"라는 모토로 문을 연 중국요리점이다. 이곳은 세련된 인테리어와 뛰어난 맛으로 유명하다.

사장 이충형(李忠衡)은 미식가이며 홍콩에서 여러 개의 식당을 운

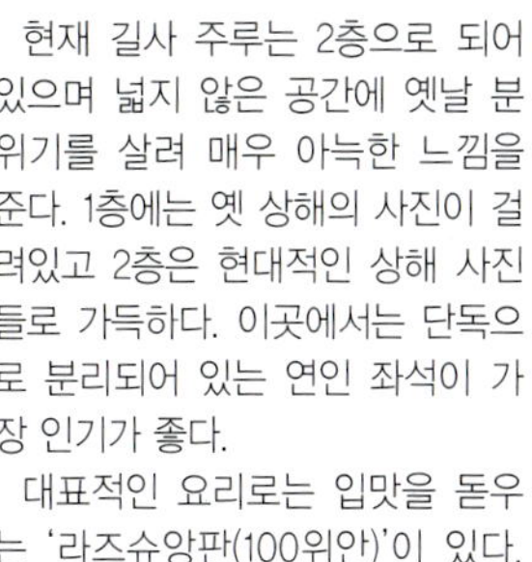

현재 길사 주루는 2층으로 되어 있으며 넓지 않은 공간에 옛날 분위기를 살려 매우 아늑한 느낌을 준다. 1층에는 옛 상해의 사진이 걸려있고 2층은 현대적인 상해 사진들로 가득하다. 이곳에서는 단독으로 분리되어 있는 연인 좌석이 가장 인기가 좋다.

대표적인 요리로는 입맛을 돋우는 '라즈슈앙판(100위안)'이 있다. '푸주창모꾸(18위안)'는 담백하면서도 약간의 매운맛이 특징이다. '지스시엔지(25위안)'는 닭고기를 소금물에 4, 5시간을 절인 것으로 하루에 40마리만 판매한다.

이 식당은 오후에도 영업하므로 저녁에 예약하지 못했다면 식사시간을 피해서 가보자.

면 자리가 없을 정도이다.

처음에 이곳은 그림을 그리기 좋아하는 사장과 그의 친구들이 모이는 아지트였다. 사장이 가끔 상해 요리 전문 요리사를 초청하여 음식을 내놓곤 했는데, 그 음식이 너무도 맛있어 점차 유명해지게 되었고 유명한 식당 지도에도 등록되어 10년 동안 그 명성이 이어져 왔다.

영하고 있다. 이곳에서는 전통 상해 요리를 전문으로 하는데, 본토의 맛을 살리기 위해 식재료부터 불의 세기까지 옛날의 방법을 고집하고 있다. 게다가 물리학 박사 출신인 사장은 과학적인 방법으로 요리하여 모든 음식에서 자연의 맛이 느껴진다.

이곳에서 가장 유명한 '회사오러우(32위안)'는 고기를 덩어리로 나

누는 과정만 7시간이 소요되며 그것을 찌고, 끓이고, 굽는 과정을 지나 완성된다. 삼겹살이지만 느끼하지 않고, 소스와 곁들여 먹으면 더욱 색다른 맛을 볼 수 있다. 일본식 소스를 기름으로 구운 '진스카오만위(68위안)'와 바삭하고 고소한 '고구마 후렌치후라이(68위안)'는 매우 창의적이다. 식당 내부의 화려한 색상과 그림이 해상아숙의 현대적 분위기를 잘 표현하고 있다.

상해노참

- P40A4
- 지하철역에서 도보5분
- 上海市漕溪北路201號
- (021)6427-2233
- (점심)11:00~14:00
  (저녁)17:00~22:00

  상해노참의 대문을 열면 외부와 차단된 것 같은 고요함을 느낄 수 있다. 이곳은 1921년 프랑스인의 수도원으로 사용되었다가 후에 식당으로 바뀌었는데, 내부는 여전히 옛 모습 그대로 화려한 샹들리에와 정교한 골동품상자, 수백 장의 오래된 사진으로 꾸며져 있어 20~30년대의 분위기를 잘 드러내고 있다.

  로비의 좌우측에는 각각 97318과 97431라고 불리는 기차 칸이 놓여 있다. 과거에 자희 태후와 송경령(宋慶齡)이 외출 시 탑승했던 기차로, 현재는 이곳에 전시용으로 놓여있다. 차량 내부는 이미 식당으로 개조되어 손님들은 우아하고 정교한 골동가구로 장식된 공간에서

뛰어난 요리를 맛볼 수 있다.

상해노참은 현대인의 입맛에 맞춘 담백하고 상큼한 상해 전통요리를 제공한다. 대표적인 요리인 '훙사오창쟝후이위'는 부드러운 육질과 담백한 맛이 일품이다. 주방장 장사개(長史凱)는 젊은 나이에 전통의 맛과 웰빙 요리법을

고집하여 많은 사람들의 입맛을 사로잡았다. 가족 외식, 친구 모임, 또는 결혼식 피로연 등 어떤 모임에도 어울리는 최적의 장소이다.

Ⓗ 숙박

건국 호텔 建国賓館

- P40A4
- 上海市漕溪北路439號
- (021)6439-9299
- (021)6439-9433
- 898위안부터
- www.jianguo.com

서화 호텔 西華酒店

- P40A3
- 上海市海西路1號
- (021)5258-5656
- (021)5258-6565
- 1,200위안
- www.thesuites-shanghai.com

완평 호텔 宛平賓館

- P40A4

- 上海市宛平路315號
- (021)5467-9888
- (021)5490-6091
- 650위안부터

호망각 호텔 好望角大酒店

- P40B4
- 上海市肇嘉濱路500號
- (021)6471-6060
- (021)6471-0089
- 396위안부터
- www.hope-hotel.com

아사 호텔 雅舍賓館

- P40A4
- 上海市宛平南路590號
- (021)6438-9900
- (021)6486-9088
- 208위안부터
- www.asset-hotel.com

형산로 역

衡山站 헝샨루쨘

명소

형산로
衡山路

P40A3+A4+B3

지하철역에서 나오면 바로

상해에서 '샹젤리제 대로'라고 불리는 형산로는 1982년에 조성된 거리이다. 원래는 패당로(貝當路)라고 불렸으며 총 길이는 2.3km이다. 길 양쪽에는 오동나무들이 빽빽이 늘어서 있고, 100여 개의 찻집, 식당, 바 등이 밀집해 있어 저녁이 되면 빛을 발한다.

형산로의 맞은편은 프랑스 조계지인 회해중로(淮海中路)이고 뒤쪽은 서가회, 옆으로는 국민당정부기관 간부들의 별장이 있었던 영사관 지역이다. 번화한 상업지역에 비해 숨겨진 역사를 간직한 이곳은 사람들을 끌어들이는 신비로운 힘이 숨겨져 있다.

형산로에서 가장 큰 보물은 국민당 전기에 지어진 정원 딸린 양옥집일 것이다. 동평로(東平路)에는 장개석(將介石)과 송미령(宋美齡)의 신혼집이 있는데 지금은 영국식의 사샤레스토랑으로 바뀌었고, 백숭희 옛 저택(白崇禧舊邸)은 식당이 되었으며, 옛날 중앙은행장의 저택은 석가화원(席家花園) 레스토랑으로 탈바꿈했다. 중국재벌인 공상희(孔祥熙) 저택은 상해 영화제작회사로 바뀌었다. 형산로를 처음 개발할 때 짙은 붉은색 보도블록을 깔고 유럽식 가로등을 설치했는데, 유럽 건축양식으로 지어진 호화 주택이 녹음과 어우러져 연인들의 데이트 장소 1위가 되었다.

형산로는 하루가 다르게 발전하고 있다. 그중 하나는 여가생활이고 다른 하나는 특색 있는 식당이다. 저녁에 형산로에 오면 북적이는 사람들 속에서 들뜬 기분을 감출 수 없을 것이다.

푸슈킨 기념석상
普希金紀念塑像

P40B3

지하철역에서 도보 약5~10분

　여기서부터 사남로(思南路)까지는 러시아 이민자들이 거주했던 지역이다. 1917년 "10월 혁명" 이후 러시아의 왕족들과 군인들은 고향을 떠나 당시 큰 도시였던 상해로 피신했다. 종교적 성향이 비슷하다는 이유로 그들은 대부분 프랑스 조계지에 정착했다. 피난을 온 러시아 귀족들에게는 더 이상 과거의 화려함을 찾아볼 수 없었고 '백인거지'라는 별명으로 불리기 시작했다. 궁전의 악사는 카페에서 바이올린을 연주하고, 장군은 거리에서 구걸을 하고, 귀족 숙녀들은 창녀가 되어 하루하루를 연명하며 살아가야 했다.

　이 특수한 신분의 난민들은 상해의 풍경을 더욱 이국적으로 변모시켰다. 동방정교회 교회와 러시아의 유명한 시인인 푸슈킨의 조각상을 보면, 풍요로운 삶을 살았던 러시아 귀족들이 얼마나 애절하게 고향을 그리워했는지 느낄 수 있다.

　푸슈킨은 러시아의 시인으로 귀족집안에서 태어났지만 그의 작품들은 모두 자유와 폭정에 대한 반항을 주제로 하는 내용들이다. 유명한 작품으로 『코카서스의 죄수』, 『Postmeister』, 『Tighe Dombrowski』 등이 있다. 1937년, 그의 조각상은 분양로(汾陽路), 구양로(丘陽路), 도강로(桃江路), 동평로(東平路)의 교차지점에 세워졌다. 주변 환경이 아름답고 고급술집들이 들어서면서 연인들이 자주 찾는 데이트장소가 되었다.

식당

낙가이송
Le Garcon Chinois

P40B3

지하철역에서 도보5분

上海市衡山路9弄3號(東平路 부근)

(021)6445-7970

(점심)12:00~14:00
(저녁)18:00~1:00

설 연휴

음료수 20위안부터

　낙가이송은 프랑스어 'Le Garcon Chinois'를 중국식으로 바꾼 말로, 중국 남자아이라는 뜻이다. 프랑스 분위기로 가득한 이곳의 사장은 뜻밖에도 일본인이다. 이곳에서 가장 눈에 띄는 것은 이국적인 분위기를 연출하는 프랑코 모딜리아니의 거대한 벽화이다. 은은한 조명 아래 조용한 바의 한구석에 앉아 재즈와 함께 즐기는 한 잔의 술, 그리고 시가 향기에 자신도 모르게 취하고 말 것이다.

남령 주가

南伶酒家

🔺 P40B3

🧭 지하철역에서 도보
약5~10분

🏠 上海市丘陽路168號

📞 (021)6467-7381

🕐 (점심)11:00~14:00
(저녁)17:00~22:00

남령 주가에 모이는 사람들은 대부분 예술계통에 종사하는 사람들로, 화려한 인테리어나 장식은 없지만 우아한 분위기가 사람들의 발

걸음을 끌어당긴다.

하지만 손님들을 만족시키는 것은 쾌적한 환경보다는 원조 회양(匯陽)요리와 본방(本幫)요리일 것이다. 특히 정교한 칼솜씨와 예민한 미각으로 정성을 쏟아 만든 요리들은 어느 것을 선택해도 후회가 없다. 그중 '칭차오허샤', '칭차오시에펀', '미즈훠팡', '오리구이' 등과 같은 최상급요리는 사람들의 기대를 저버리지 않는다. 특별히 추천하는 '무위카오러우(48위안)'는 생선과 오징어를 양념하여 함께 볶은 다음 물을 넣고 끓인 것이다. 약

양가주방

楊家廚房

🔺 P40B3

🧭 지하철역에서 도보5분

🏠 上海市衡山路9弄3號

📞 (021)6445-8418

🕐 10:00~23:00

북적이는 형산로에서 구불구불한 작은 골목으로 들어가면 한 채의 정원별장이 보인다. 1, 2층의 통유리 창문에서 비치는 은은한 빛이 귀족들의 연회 분위기를

간 달콤하면서도 고소하며 육질이 부드럽다. '샤즈따냐오선(20위안)'은 암탉, 신선한 고기, 용골을 4, 5시간 푹 끓인 것이다. '시에펀스즈터우(20위안)'는 부드럽고 고소한 맛이 특징이다.

다른 식당과 달리 이곳은 주기적으로 메뉴를 바꾸거나 새로운 요리를 선보이지 않는다. 언제나 그랬듯이 전통요리와 전통요리법을 고집하면서 원조의 자리를 지키고 있다. 재미있는 점은 만약 손님들이 요리의 맛에 대해 불만이 있다면 주방장이 대신 비용을 지불하게 되어 있다는 것이다.

연상시킨다.

양 가 주 방은 업그레이드된 상해요리를 제공한다. 대만출신인 주방장은 과거에 대만에서 식당을 경영했었고 상해에서도 대만요리점을 경영한 경험이 있다. 하지만 성공을 거두지는 못했는데, 우연한 기회에 다국적인 맛을 내는 상해요리를 만들게 되었다. 그 후 그의 요리는 색다른 맛과 흥미로운 이름으로 상해의 미식계에 이름을 날렸다.

남방식 미국요리인 '지앙러파이(58위안)'는 절인 갈비뼈를 부드러워질 때까지 삶아 새콤달콤한 맛을 내는 것으로, 서양요리를 중국식으로 바꾼 성공적인 예라고 할 수 있다. '치에꽈쟈빙(26위안)'은 다진 고기에 가지를 곁들여 대만식으로 먹는 것으로 현지인과 외국인들에게 인기가 많다. '판치에핑궈사오파이탕(26위안)'은 여름과 가을 사이에 먹는 담백한 탕 요리로 약간 신맛과 달콤한 맛이 난다.

사샤 레스토랑
Sasha's (장개석 저택)

- P40B3
- 지하철역에서 도보 약5~10분
- 上海市東平路11號11幢樓(衡山路와 東平路의 교차로)
- (021)6474-6628
- 11:00~2:00

1920년대에 지어진 이 3층짜리 저택은 원래 한 유태인 상인의 별장이었다. 후에 장개석과 송미령의 신혼집이었다가, 또 한때는 중국의 4인방에 속하는 모택동의 부인 강청(江靑)의 저택으로 사용되기도 했었다. 저택의 곳곳에 시대에 따른 정치적 흔적들이 숨겨져 있고, 장소가 가지는 이러한 특수성 때문에 사샤는 처음 문을 열자마자 주목을 받았다.

고급스러운 영국풍 인테리어가 특히 사람들의 눈길을 끈다. 중앙의 바에는 종업원이 숙련된 솜씨로 맥주를 담는데 거품이 잔을 넘치기 바로 직전 손님에게 건네준다. 벽난로에는 지구모형, 선박모형, 골프채, 담뱃대 등이 놓여있어 항해시대의 제국분위기를 조성하고 있다. 이곳에서는 전통적인 영국식 애프터 눈 티와 홍차, 우유, 레몬, 잼, 디저트, 샌드위치, 신선한 과일을 제공한다. 만약 넓고 조용한 분위기에서 식사를 즐기고 싶다

면 2층으로 올라가자. 2층은 넓은 공간을 절묘하게 활용하여 방음시설이 잘 되어 있고 3층으로 올라가는 계단은 개방식으로 설계되어 공간이 더욱 넓어 보인다.

이곳은 저녁이면 손님들로 매우 북적이지만, 오후에는 마치 빅토리아시대에 온 것 같은 여유로운 분위기가 그만이다. 영화나 광고의 한 장면처럼 창가에 앉아 책을 읽다가 잠시 내려놓고 차를 한 모금 마셔보자. 그 사이 잔잔한 바람이 하얀색 커튼을 스치고 불어와 테이블 위에 놓인 책장을 넘겨 줄 것이다.

Ⓗ 숙박

형산 호텔 衡山賓館

- P40A3
- 上海市衡山路534號
- (021)6437-7050
- (021)6433-5732
- 580위안부터
- www.hengshanhotel.com/en

서자연 호텔 西亭綠賓館

- P40B3
- 上海市安亭路126號
- (021)6471-0126
- (021)6472-7536
- 324위안부터
- www.east128.com/qy4/xiziyuan/index.htm

쩐 주예루(25위안)'도 절대 놓쳐서는 안 되는 별미이다.

2층으로 되어 있는 서양식 건물과 오동나무로 가득한 정원이 아늑한 분위기를 조성한다.

햇볕이 따스한 날, 푸르고 무성한 나무들을 벗 삼아 이 정원에서 오찬을 즐겨보자. 어느 샌가 근처 음악학교에서 학생들이 연주하는 바이올린 선율이 귓가에 들려올 것이다. 뿌듯한 여행의 추억을 남기고 싶다면 이곳을 추천한다.

천태
天泰

 P40B3
 지하철역에서 도보 약5~10분
 上海市東平路5號C座
 (021)6445-9551
 11:00~23:00

전통 태국 요리는 오직 천태에서만 맛볼 수 있다. 태국인 주방장과 태국에서 직수입한 다양한 식재료들로 만든 '쌴라하이시엔탕(40위안)'은 사람들의 감탄을 자아낸다. 이 식당의 대표적인 요리는 가장 기본적인 '쌴라하이시엔탕' 외에도 '타이스위빙(50위안)', '칭까리', '샹랴오시야(85위안)', '칭무과사라' 등이 있다. 야자 과즙이 가득한 '홍

부호환구동아 호텔
富豪環球東亞酒店

 P40A3
 上海市衡山路516號
 (021)6415-5588
 (021)6445-8899
 720위안부터
 www.regal-eastasia.com/front/index_cn.php

경여 호텔(남관)
慶余酒館(南樓)

 P40A3
 上海市苑平路9號
 (021)6474-9898
 (021)6433-2878
 480위안부터

常熟路站 창슈루쨘

식당

보라 주루
保羅酒樓

- P40B2
- 지하철역에서 도보15분
- 上海市富民路271號
- (021)6279-2827
- 11:00~6:00
- www.baoluojiulou.com

이곳은 토종 상해 사람이 꼽은 맛좋은 식당 중의 하나이다. 음식도 맛있고 가격도 저렴해서 인기가 좋다. 3층 건물에 총 500석이 마련되어 있다. 식사시간에는 사람들이 몰려들어 예약을 하지 않으면 30분

모두아이 주가
毛豆阿姨酒家

- P40B2
- 지하철역에서 도보 약5~10분
- 上海市常熟路115號
- (021)5403-0429
- 11:00~22:30

모두아이 주가의 겉모습은 마치 시멘트로 만든 동굴 같다. 통로에는 인공폭포도 만들어져 있는데 저녁에 불이 켜지면 더욱 빛을 발한다. 천당과 벽은 종유석 동굴처럼 꾸며져 있어 동굴 안에 있는 느낌을 준다.

코튼 클럽
Cotton Club 棉花俱樂部

- P40B2
- 지하철역에서 도보5분
- 上海市復興西路8號
- (021)6437-7110

- 19:30~2:00
- 최소 40위안 이상

이곳에서는 언제나 편안한 분위기를 느낄 수 있다. 화평 호텔(和平飯店)의 정통 재즈 바처럼 북적이지는 않지만, 인테리어의 화려함보다 단순히 재즈음악을 즐기려고 이

을 기다려도 좀처럼 자리가 생기지 않는다.

이곳의 성공 비결은 바로 주방장 장영위(莊永偉)의 요리 솜씨이다. 상해요리 전문가인 그는 서양요리를 중국식으로 만들어 상해 사람들의 입맛을 사로잡았다. 중국식 스테이크와 거위 간 요리는 바로 이곳의 대표메뉴이다.

요즘 가장 인기 있는 메뉴인 '하이탸오하이시엔쥐엔(18위안)'은 새우와 오징어 등 해산물을 기름에 튀긴 후 밀가루 반죽으로 돌돌 말아 익힌 것으로, 속은 부드럽고 겉은 달콤하다. 오이와 토마토, 야채를 주재료로 만든 야채샐러드(16위안)는 이곳만의 비밀소스를 사용한다. '셩지엔빠오(6개에 15위안)'는 돼지 다리부위를 다져 소를 만들었다. 육즙이 풍부하고 겉은 바삭하면서 참깨의 고소한 맛과 함께 어우러져 입맛을 자극한다.

'모두아이'라는 이름의 유래는 매우 흥미롭다. '모두(毛豆:마오떠우)'는 이웃집 아이를 부를 때 쓰는 애칭이고 그 아이의 엄마는 '모두*아이(毛豆阿姨:마오떠우아이* 아이는 이모 또는 아줌마라는 뜻)'라고 한다고 한다. 사장이 가게 이름을 고민하고 있을 때 마침 이웃집 아이가 노크를 했는데, 이때 영감이 떠올라 친숙하면서도 재미있는 '모두아이'라는 이름을 갖게 되었다고 한다.

이곳에서 제공되는 요리는 모두 일반 가정에서 먹을 수 있는 것들이다. 예를 들어 '타이미차오팡시에'는 태국 쌀과 게살을 함께 볶은 요리이다. '홍먼띠방'은 쫀득하고 고소하며 느끼하지 않은 돼지고기 요리로, 예약하지 않으면 맛볼 수 없는 요리이다.

곳을 방문하는 손님들이 대부분이다.

바는 아치형이며 무대 뒤를 장식하고 있는 선명한 채색 유리가 은은한 조명 아래 더욱 빛을 발한다. 무대 앞에는 언제나 손님들이 자리를 가득 채우고 있다. 주말이 되면 바에 자리를 잡을 수 있는 것만으로도 행운이라고 할 수 있다.

상해에서 좋은 재즈 바를 물으면 누구나 이곳을 추천할 것이다. 저렴한 가격으로 수준 있는 재즈음악을 감상하고 싶다면 이곳에 꼭 와보자.

섬서남로 역

사남로
思南路

 P41A2+A3

 지하철역에서 도보 약10~15분

 나무가 무성하게 우거진 이곳은 상해에서 가장 아름다운 거리라고 불린다. 빽빽이 심어진 프랑스 오동나무 뒤로 아름답고 우아한 유럽식 고급저택이 숨어있다. 이곳의 주인은 이미 역사 속 뒤안길로 사라졌지만 고상한 품격과 우아한 분위기가 고스란히 남아있다.

 여기에는 두 채의 유명한 집이 있는데, 바로 손중산(孫中山)이 살았던 집과 주은래(周恩來)가 살았던 집이다. 두 집은 구조나 건축, 배치 모두 비슷한데 심지어 작은 정원의 방향과 설계까지도 비슷하다. 정교한 구조의 두 저택이 과거의 모습을 오늘날의 사람들에게 전해주고 있다.

손중산 옛 집
孫中山故居

 P41A3

 지하철역에서 도보 약15~20분

 上海市香山路7號

 (021)6437-2954

 입장료 8위안

 향산로(香山路)의 아득한 골목 안

주공관

周公館

P41A3

지하철역에서 도보 약20~25분

上海市思南路73號

(021)6473-0420

(오전)9:00~11:00
(오후)13:00~16:30

월요일, 목요일 오전

입장료 2위안

주공관은 스페인풍의 주택이다. 1945년 항일 전쟁이 끝난 후 주은래(周恩來)는 국민당과 함께 건국 방안을 논의하기 위해 중국공산당의 다른 대표들과 함께 1946년 6월 상해로 내려왔다. 당시 중국 공산당 대표단이 거주하던 곳이 바로 이 저택이었다. 저택은 총 3층이며, 내부 배치는 그때의 모습 그대로 재현되어 있다. 바깥벽은 푸른 담쟁이덩굴로 가득 덮여 시원하면서도 고고한 분위기를 풍긴다.

3층의 작은 다락방으로 올라가면 당시 주은래와 함께 상해로 왔던 교관화(喬冠華) 부부의 방이 있고, 밖을 내다보면 작은 정원이 보인다.

에 자리 잡고 있는 이 집은 손중산과 그의 부인 송경령이 1918년부터 1924년까지 거주했던 집이다.

2층 높이의 이 서양식 집은 손중산이 남긴 유일한 재산이기도 하다. 실내 장식은 비록 간소하지만 매우 분위기 있다. 위층에는 서재와 침실이 있는데 내부는 송경령이 머물렀던 1956년 당시 그대로 꾸며져 있다. 안에는 수많은 진귀한 사진과 원고지들로 가득하다.

가장 인상에 남는 것은 놀랄 만큼 많은 서적과 부부의 사진들이다. 그중 한 장은 송경령이 중국 전통의상을 입고 책을 읽는 모습이다. 깔끔한 외모와 신비로운 표정은 많은 사람들의 눈길을 끈다.

이 집은 동맹회의 허숭지(許崇智)가 1918년 손중산에게 선물로 준 것이다. 하지만 혁명을 위한 경비가 부족할 때마다 은행담보로 맡겨졌었다. 국민당 해외 본부에서 그 사실을 알고 교포들의 기부로 은행이자를 상환한 후 1920년 1월이 되어서야 손중산은 다시 집으로 들어갈 수 있었다. 1924년, 풍옥상(馮玉祥)이 북경에서 반란을 일으키고, 그의 북상 요청에 따라 손중산은 11월 17일 북경으로 향했다. 그러나 곧 세상을 떠나고 만다. 파란만장했던 그의 삶을 이 집은 기억하고 있을 것이다.

쇼핑

회해중로
淮海中路

🔺 P40B2 + P41A2

🔵 지하철역에서 나오면 바로

　지하철 입구에만 서있어도 북적이는 분위기를 느낄 수 있다. 거리에는 사람들로 가득하고 교통을 지휘하는 사람만 해도 8명이나 된다. 이 거리는 과거에 프랑스 조계지로서 서하로(棲霞路)라고 불렸지만 현재는 회해중로로 불린다. 이 거리를 걷고 있으면 마치 프랑스의 풍경화 속을 걷는 느낌이 든다고 한다. 상해에서 어떤 것이 가장 유행인지 알고 싶다면 이 거리를 찾는 것이 가장 좋다.

　전체 길이 3.5km의 회해중로는 동쪽은 서장로(西藏路), 서쪽은 상숙로(常熟路)와 통하는 대형 쇼핑몰 밀집지역이다. 태평양 백화점, 중환 광장, 향강 광장, 파리의 봄 등이 모두 이 거리에 있어 시간대와 상관없이 사람들로 북적인다.

 식당

원원 레스토랑
圓苑餐廳

🔺 P41A2

🔵 지하철역에서 도보 약5~10분

🏠 上海市襄陽北路108號

☎ (021)5108-3377

🕐 11:00~23:00

　소규모 식당에서부터 시작하여 지금은 이미 4개의 체인점을 소유한 상당한 규모의 식당이다. 뿐만 아니라 상해의 매체에서 '가장 뛰어난 상해 전통요리점'으로 뽑혀 뛰어난 요리수준을 과시하기도 했다.

　개점초기에는 메뉴에 있는 요리뿐만 아니라 손님이 원하는 요리라면 주문 요리도 제공했다. 이곳의 대표적인 요리인 '카이슈이바이차이(68위안)'는 배추의 밑동부분을 삶아 요리한 것이다. 지금은 배추 밑동부분의 달콤한 맛을 유지하기 위해 햄, 조개와 함께 쪄서 요리하는데 맛이 신선하다. '홍샤오러우(38위안)'는 육질 자체의 단백질로 육수를 만들어 요리하므로 고기 특유의 고소함과 부드러운 맛이 일품이다.

　이곳은 여전히 새로운 요리들을 끊임없이 연구하면서 상해 전통요리뿐만 아니라 여러 퓨전 요리들을 개발하고 있다. 또한 매달 8개 이상의 새로운 메뉴를 출시하여 손님들의 반응을 메뉴에 적도록 하고 있다. '옌러우룽떠우(28위안)'는 그중 하나로, 많은 손님들의 감탄을 자아냈다. 또 이렇게 메뉴 개발에 힘을 쏟아 상해 토박이들이 즐겨 찾는 식당이 되었다. 상해뿐만 아니라 홍콩, 대만의 관광객들과 유명 인사들도 이곳을 자주 방문한다.

무명남로

茂名南路

P41A2

지하철역에서 도보5분

형산로가 생기기 이전에는 유흥을 즐기고자 하는 사람들이 모두 이곳으로 몰려왔다. 무명로 근처에 고급 유흥가와 상해 최고급 호텔이 밀집해있기 때문이다. 화원 호텔(花園飯店), 금강 호텔(錦江飯店)은 자연스럽게 샐러리맨과 외국인들이 자주 이용하는 곳이 되었고, 이에 따라 술집, 나이트클럽, 고급 레스토랑, 화랑들이 줄줄이 생겨났다. 저녁이 되면 무명남로는 니코틴과 보드카 냄새가 가득하고 파티의 열기로 뜨거워진다.

지금의 무명남로는 옛날만큼 시끌벅적하지는 않지만 재즈와 자유로움, 즐거움을 추구하는 사람들에게는 가장 적합한 곳이라고 할 수 있다. 낮에는 카페에서 책을 읽거나 커피를 마시며 샌드위치를 먹는 사람들이 많아 여유로운 느낌이지만, 저녁이 되면 술집과 무도회장으로 향하는 사람들로 북적인다.

대공관(동호 호텔, 두월생 옛집)

大公館(東湖賓館, 杜月笙故居)

P40B2
지하철역에서 도보 약15~20분
上海市東湖路7號
(021)6415-7777
11:00~21:30(시가 바~2:00)

두월생의 옛집은 현재, 대공관 또는 동호 호텔이라고 불린다. 상해의 한적한 곳에 위치해 있으며, 르네상스 양식의 건축물로 옆에는 넓은 잔디가 펼쳐져 있다. 이 건물의 외관은 서양식이지만 실내 인테리어는 중국식으로 꾸며져 있다. 원래는 개인 클럽이었는데 현재는 대중에게 개방되어 식당 겸 바인 '대공관'이 되었다.

대공관의 1층은 정통 바와 시가 바로 구성되어 있다. 낮에는 영국식의 커피숍으로 운영된다. 특히 창가 쪽 좌석은 하얀 커튼과 잔디

1931

P41A2
지하철역에서
도보5분
上海市茂名南路112號
(021)6472-5264
11:00~1:00

1931은 상해의 복고풍 분위기를 잘 살린 식당이다. 이곳은 북적이는 무명남로에서 유달리 눈에 띈다. 문을 열고 들어가 보면 그 옛날 유행하던 노래들이 귓가에 잔잔히 들려오며, 옛 상해의 흔적들이 여기저기 남아있어 마치 30년대로 거슬러 올라간 것 같은 느낌이 든다.

식당이자 바라고 할 수 있는 1931

2, 3층의 대공관은 상해 홍콩 요리를 전문으로 한다. 실내는 정교하게 조각된 가구와 오래된 벽난로가 있어 호화로운 분위기가 느껴진다.

부드러운 '꿍관미즈훠팡(198위안)', '시에황인피(158위안)', '상탕와와차이(38위안)'는 모두 주방장의 추천메뉴들이다.

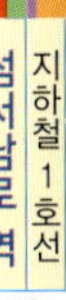

식당

가 우아하게 조화를 이루어 저녁이 되면 은은한 불빛 아래서 마음껏 로맨틱한 분위기를 즐길 수 있다.

은 당시 유행하는 재즈 분위기를 토대로 옛날 영화포스터, 두 개의 스피커가 달린 축음기, 상해 미녀가 그려진 보온병, 복고풍 스탠드와 주인이 수집한 골동품들로 장식되어 있다. 종업원의 유니폼마저도 복고적인 식당의 분위기와 잘 어울리며 깔끔한 하얀 식탁보 위에는 싱싱한 생화가 놓여있다. 이렇게 작은 부분까지 꼼꼼히 신경 쓴 덕택에 널리 알려져 유명 스타들도 자주 방문하는 곳이 되었다고 한다.

식당내부는 상해 풍으로 인테리어 되어 있

고, 식기도구와 테이블 세팅 또한 섬세하게 배려하였다. 대표적인 요리에는 '야오지우쌴야오자오파이빙(65위안)', '마퍼떠우푸판(580위안)', '구퐈레이사탕위엔(28위안)' 등이 있다. 저녁식사 시간이 끝나면 이곳은 한층 더 은은한 조명과 부드러운 음악으로 로맨틱한 분위기가 넘치는 완벽한 데이트 장소가 된다.

소절회

蘇浙匯

- P41A2
- 지하철역에서 도보5분
- 上海市茂名南路127號(蘆灣店)
- (021)5403-7028
- 10:30~22:30

'상해요리의 성지'라는 칭호를 얻은 소절회는 위풍당당한 모습으로 사람들의 발길을 끌어당긴다. 입구에서부터 대리석 바닥이 깔려있으며 통로 양측에는 아이보리색의 소파와 대형 술 진열장이 놓여있다. 식당내부는 2층으로 되어 있는데 2층은 개방식으로 설계되어 공간이 넓어 보이는 효과를 주었다.

소절회에서 가장 유명한 요리로는 '미즈훠팡', '칭쩡스위', '장차야(오리요리)'를 꼽을 수 있다. 그중 '장차야'는 주방장이 적극 추천하는 요리로 오리를 절이고, 훈제하

쥬디스 투

Judy's Too

- P41A3
- 지하철역에서 도보 약10~15분
- 上海市茂名南路127號(永嘉路 부근)
- (021)6473-1417
- 18:30~3:00
  ※Happy Hour : 음료수 할인 혜택(일~수)19:30~21:30

쥬디스 투는 상해 바의 원조로 무명남로에서 명성이 자자한 곳이다. 외국인은 물론이고 현지인들도 많이 찾는 이 바는 2층으로 되어 있다. 개방된 1층은 사람들이 술을 마시고 춤을 추는 구역이고 2층은 식당이다.

한원서옥

漢源書屋

- P41A3
- 지하철역에서 도보 10분
- 上海市紹興路27號
- (021)6473-2526
- 10:00~24:00

평범한 상해의 거리에서 눈에 띄는 커피숍이 있다. 커피숍이라기보다는 서점이라고 하기에 더욱 적합한, 조용하고 편안한 분위기의 한원서옥은 문학적 분위기를 가득 풍기고 있다. 책장에는 상해 현대문학에서 건축, 학술관련 서적들이 나란히 꽂혀있다. 자신이 원하는 책을 고른 후 창가에 자리를 잡고 앉아 커피를 주문해보자. 곧 독서삼매경에 빠져들게 될 것이다.

상해에서 유명한 사진작가로서 상해 문화예술계를 빛냈던 사장은

한원서옥을 예술적인 공간으로 조성하였다. 오페라를 상영하거나 정기적으로 예술 활동을 개최하여 많은 예술가들이 모여 교류하는 장소가 되었다.

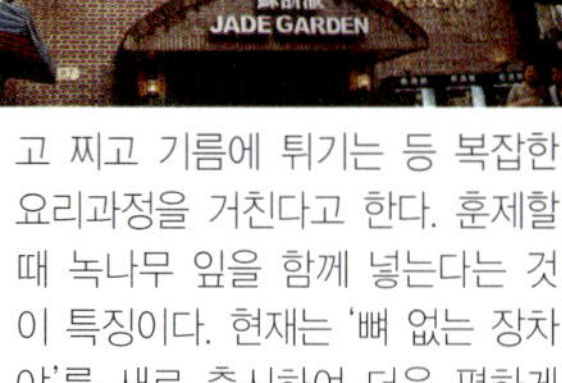

고 찌고 기름에 튀기는 등 복잡한 요리과정을 거친다고 한다. 훈제할 때 녹나무 잎을 함께 넣는다는 것이 특징이다. 현재는 '뼈 없는 장차야'를 새로 출시하여 더욱 편하게 먹을 수 있다.

란나 타이 & 하자라스
Lan Na Thai & Hazaras

- P41A3
- 지하철역에서 도보10분
- 上海市瑞金二路118號瑞金賓館4幢
- (021)6466-4328
- 란나타이 (점심)12:00〜14:30
  (저녁)17:30〜23:00
  하자라 17:00〜22:30
  (금, 토)17:00〜23:00

서금 호텔 4동은 3개의 구역으로 나뉜다. 1층의 주점 'Face Bar'와 인도식당인 하자라, 2층의 태국식당인 란나 타이는 서로 연결되어 있지만 각각 다른 인테리어 특징을 가지고 있다.

그중에서도 신비롭고 편안한 분위기의 란나 타이는 마치 여인들만을 위해 마련한 공간인 것처럼 테이블마다 조그마한 등이 켜져 있어 은은한 불빛이 아늑함을 더한다.

하자라 인도 식당은 내부 인테리어에 심혈을 기울였다. 입구의 9개의 기둥과 좌측의 동량기둥은 모두 직접 인도에서 직수입한 것들이다. 이곳에서 가장 특이한 것은 천막의 형태로 만들어진 천장인데, 마치 식당이 인도의 광활한 땅 위에 세워진 것 같은 느낌을 준다. 많은 예술계 인사들이 이곳을 자주 찾는다고 한다.

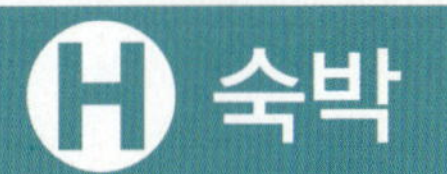

화원 호텔
花園飯店

P41A2
지하철역에서 도보 약5~10분
上海市茂名南路58號
(021)6415-1111 F (021)6415-8866
1,500위안
www.gardenhotelshanghai.com

화원 호텔에서는 과거 상해의 화려한 역사를 엿볼 수 있다. 많은 사람들은 프랑스 클럽이 있는 화려한 겉모습에 유혹되어 화원 호텔 묵으며 20년대 상해의 아름다운 분위기 속에서 옛 추억들을 떠올린다.

화원 호텔은 두 구역으로 나뉜다. 프랑스클럽은 새로운 건물과 연결되어 있고 모든 객실은 새로운 건물로 옮겨졌다. 하지만 이곳의 진정한 예술미를 느끼기 위해서는 식당과 연회장이 있는 옛 건물로 가야 한다.

대연회장은 과거에 상해에서 가장 유명한 무도회장이었다. 가운데가 타원형으로 파인 무도회장의 마루에는 스프링이 설치되어 있어 더욱 자연스럽게 춤을 출 수 있다.

다양한 서비스를 제공하는 크고 작은 연회장은 원래 모습 그대로 보존되어 있다. 처음에는 아치형의 벽으로 서로 연결되어 있었는데 1926년, 옆에 신관이 지어지면서 분리되었다고 한다. 클럽으로 바꾸어 사용하기 시작했을 때는 양자강의 거친 물살을 표현하기 위해 사면의 벽에 파도 모양의 장식을 했다고 한다.

호텔 내에는 500개의 객실이 있다. 과거에 수십 명의 국가 원수와 성공한 사업가들이 묵어갔던 VIP룸도 있고, 비 흡연자를 위한 방을 선택할 수도 있다. 호텔에는 4개의 식당과 3개의 바가 있어 손님들이 다양하게 선택할 수 있도록 배려했다.

서금 호텔
瑞金賓館

- P41A3
- 지하철역에서 도보 약10~15분
- 上海市瑞金二路118號
- (021)6472-5222
- 990위안부터

　20년대의 상해 별장을 찾는다면 서금 호텔은 반드시 한번 들러야 할 곳 중 하나이다. 서금 호텔은 4개의 유럽풍의 건축물과 3개의 독립된 공원으로 이루어져 있다. 그 중 20년대에 세워진 1동과 2동은 원래 옛 상해 개 경주장 사장인 마리스의 저택이었다. 그러다가 1945년에는 국민당정부의 총 지휘부로 쓰였으며 송미령도 이곳을 방문한 적이 있다. 1949년부터는 중국공산당이 관리를 맡았다. 3동은 마리스가 세상을 떠난 후 상해 주택관리부의 소유가 되었으며 1963년에 지어진 4동은 일본 삼정양행 건물로 쓰였다. 1956년부터는 대외적으로 개방되면서 귀빈을 맞이하는 호텔이 되어 수많은 국가원수를 맞이하게 되었다.

금강 호텔 錦江飯店

- P41A2
- 上海市茂名南路59號
- (021)3218-9888
- (021)6472-5588
- 1,050위안부터
- www.jinjianghotels.com/portal/cn/index.asp
- @ jinjianghotel@jinjianghotels.sina.net

신금강 호텔 新錦江大酒店

- P41A2
- 上海市長樂路161號
- (021)6415-1188
- (021)6415-0048
- 1,088위안부터
- www.jinjianghotels.com/portal/cn/index.asp
- @ reservation@jinjiangtower.com

성시 호텔 城市酒店

- P41A2
- 上海市陝西南路5-7號
- (021)6255-1133
- (021)6255-0211
- 89$부터
- www.cityhotelshanghai.com
- @ reserve@cityhotelshanghai.com

양양 호텔 襄陽飯店

- P41A2
- 上海市襄陽北路3號
- (021)5403-7658
- 308위안부터

미신 호텔 美臣大酒店

- P41A2
- 上海市淮海中路935號
- (021)6466-2020
- 900위안
- www.masonhotel.com
- @ mason170@sh163.net

황피남로 역

黃陂南路站 황피난루쨘

신천지

新天地新天地

- P41B2
- 지하철역에서 도보 약5~10분
- 上海市大倉路181弄
- (021)6311-2288
- www.xintiandi.com

　신천지가 개발되기 전 이곳은 원래 석고문(石庫門: 돌로 문틀을 만들고 두꺼운 나무로 문짝을 만드는 건축양식)으로 지어진 주택가였다.

　19세기부터 중국과 서양의 혼합식 건물들이 들어서기 시작하며 근대 상해 서민문화의 상징이 되었다. 그러나, 도시발전에 따라 옛 석고문 양식 주택들은 점차 사라지게 되었다. 그럼에도 불구하고 이곳의 주민들은 석고문 주택가의 모습을 유지하려 애썼다. 현재는 거주 기능은 잃어버렸지만 옛 것과 지금 것이 함께 어우러진 새로운 모습을 갖추게 되었다.

　이곳에는 담장, 지붕, 기둥, 대문 등 옛 석고문 주택가의 외관을 유

지하고 있다. 흥업로(興業路)를 경계로 크게 남북으로 나눌 수 있는데 북쪽의 보존상태가 비교적 양호하다. 북쪽 거리를 거닐면 색다른 분위기를 느낄 수 있고, 남쪽 거리는 비교적 현대적인 느낌이 강하다.

북쪽이든 남쪽이든, 지금의 신천지에는 이미 수백 개의 음식점, 쇼핑몰, 영화관이 들어선 상해에서 가장 현대적이고 인기 있는 공간으로 발전했다.

신천지는 고급 휴식공간이자 상해의 미남미녀들을 구경할 수 있는 곳이기도 하다. 평소에 이곳을 지나는 사람들은 평범한 옷차림이 아닌 독특하고 개성 있는 옷차림을 하고 있어 패션쇼장을 연상케 한다.

중공일대회지

中共一大會址

🔺 P41B2

    중공일대회지는 중국 공산당이 1921년 제1차 대표 대회를 개최한 곳이다. 이 석고문 건물은 1921년에 건축되어, 현재 상해에서 가장 완벽하게 보존된 석고문 건축 중의 하나로 꼽힌다.

🎁 쇼핑

더 글로스

The GLOSS

🔺 P67B2

🚇 지하철역에서 도보10분

🏠 上海市興業路123弄6號樓1樓

    석고문으로 지어진 건물의 내부 공간은 매우 협소하여·전체적인 방 간격이 좁은데, 이처럼 협소한 공간에서도 전혀 다른 분위기를 연출해내고 있다. 건축에 관심이 많다면 들어가서 한번 둘러봐도 좋을 것이다.

106單元(新天地)

☎ (021)6384-1066

🕐 11:00~23:00

    더 글로스는 전 세계적으로 10위권에 드는 브랜드숍으로, 일본에 이어 상해 신천지에 아시아 두 번째 매장을 열었다. 당신이 만약 젊은 세대의 유행을 쫓는 사람이라면 이곳은 당신을 절대로 실망시키지 않을 것이다.

    이곳이 주목을 받는 가장 큰 이유는 한자리에서 여러 브랜드의 상품을 만날 수 있기 때문이다. 더 글로스는 뛰어난 감각과 안목으로 세계 각국의 우수한 디자이너들이 디자인한 티셔츠, 청바지, 운동화와 책가방 등을 들여와 판매하고 있다. 나이키의 한정수량 운동화나 아디다스의 한정 수량 재킷도 이곳에서 만나볼 수 있다. 유럽 디자이너들의 브랜드 상품을 개성적으로 진열하여 독특하고 색다른 매장 분위기를 연출하고 있다.

동대로 골동품시장

東台路古玩市場

쇼핑

● P41B2

동대로는 옛 공예품 전문 거리로 '상해의 유리창(琉璃廠: 북경의 골동품상점 거리)'으로 불리기도 한다. 골동품 상점은 숭덕로(崇德路)와 부흥로(復興路) 사이에 집중되어 있다. 원래 이곳은 차를 마시는 장소였다. 손님들은 차를 마시며 자신의 골동품을 서로 교환하곤 했는데, 점차 사람들이 모여 서로 골동품에 대해 의논하고 흥정하면서 오늘날 수백 개의 골동품점이 모인 동대로가 되었다.

동대로 골동품시장은 최근에 계획된 공예품 시장이다. 도자기, 옥기, 석기, 청동기 등 공예품 위주로 판매되고 있지만 제대로 된 골동품은 점점 적어지는 반면 묘족의 자수, 장족의 탱화 등 소수민족의 공예품들은 점차 많아지고 있다. 외국인들의 이목을 끄는 문화혁명 시절의 모택동 어록, 강청(江靑) 석상. 홍위병 브로치 등도 있어 이곳의 물건들은 하나같이 '기이하고, 특이하며, 괴이

하고, 희소하다'는 평가를 받고 있다.

비록 물건들은 모두 오래되어 흠이 있거나 모조품이지만 잘 찾아보면 의외의 진품을 건질 수도 있다. 고대 청동기, 소수민족의 정교한 자수품, 뼈로 만든 식기 등 눈썰미가 있다면 이곳에 필히 들러 보물을 찾아보자.

현재 이곳에서 가장 잘 팔리는 것은 스위스의 Markus와 Daniel Freitang 형제가 디자인한 FREITAG 배낭이다. 트럭 방수원단으로 제작된 이 배낭은 디자이너의 세심한 재단과

디자인으로 같은 상품을 찾아볼 수 없다. 일본에서도 인기가 많은데, 일본에서보다 저렴하게 살 수 있다.

비비안 탐
Vivienne Tam

- P67B2
- 지하철역에서 도보10분
- 上海市興業路123弄6號樓1樓 1, 2單元(新天地)
- (021)5383-3133
- 11:00~23:00

시대적 유행을 추구하는 사람들에게 이곳은 아름다움의 대명사라고 할 수 있다. 디자이너와 동명인 고급 브랜드로 중국에서는 유일하게 신천지에서 오픈했다. 고급스럽고 독립적인 매장은 여러 나라 손님들의 방문을 기다리고 있다.

비비안 탐은 광동 출신으로 3살에 홍콩으로 이주했다. 이공대학원을 졸업한 후 뉴욕 유학길에 올라 디자인공부를 시작했다. 1994년 뉴욕에서 열린 제1차 패션쇼에서 권위 있는 패션잡지 『Women's Wear Daily』의 표지로 선정된 이후 전 세계 패션계의 별로 부상했다. 그 후 여러 차례에 걸친 수상과 언론의 호평으로 더욱 유명해졌다. 현재 그녀는 미국에서만 250개가 넘는 체인점을 소유하고 있으며, 유럽 및 아시아 태평양 지역에서 판매 영역을 점차 넓혀가고 있다. 마돈

Y-3

- P67B2
- 지하철역에서 도보10분
- 上海市南里2層24-4單元(新天地)

Zuc Zug

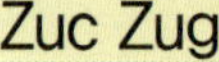

- P67B2
- 지하철역에서 도보10분
- 上海市南里2層22單元(新天地)
- (021)6384-6322
- 11:00~23:00

상해 출신인 디자이너가 디자인한 Zuc Zug는 몇 년 사이 중국 시장에서 높은 인정을 받았다. 사장이자 디자이너인 왕일양(王一揚)은 자신이 배운 패션방직 기술을 바탕

나, 장쯔이 같은 유명 스타들도 그녀가 디자인한 옷을 즐겨 입는다.

(021)6384-3844
11:00~23:00

　예전에는 Rex에서만 Y-3브랜드를 볼 수 있었지만 드디어 신천지에서도 만나볼 수 있게 되었다. 이곳 역시 중국에서 최초로 오픈한 전문 매장이다.
　Y-3는 일본의 유명 디자이너 야마모토 요지와 스포츠 브랜드 아디다스가 협력하여 만든 브랜드로, 부드러운 재질과 캐주얼한 디자인으로 많은 젊은이들의 사랑을 받고 있다. 판매대에는 최신 유행하는 상품이 진열되어 있다. 흑백 위주로 꾸며진 넓은 매장에서 자신이 원하는 의상을 맘껏 골라 탈의실에서 입어볼 수 있다. 쇼핑이 끝나면 탈의실 옆의 공간에서 휴식을 취할 수도 있다. 이곳에는 소파와 잡지 등

이 놓여져 있어 쇼핑의 즐거움을 더해준다.

으로 2002년에 Zuc Zug를 오픈했다. 개성을 강조한 디자인으로 시대적 흐름과 캐주얼한 느낌을 동시에 살려 정장이나 평상복 어디에나 잘 어울린다. 단순하면서도 곡선을 살린 디자인과 부드러운 색 위주의 제품은 평범해 보이지만, 디자이너 브랜드 제품답게 몸에 잘 맞게 재단되어 있어 일단 입으면 편안하고 질리지 않는다.

신천지 전매점

新天地專賣店

- P66A2+B2
- 지하철역에서 도보 약5~10분
- 上海市太倉路181弄北里17號樓, 上海市太倉路181弄北里25號樓5單元(新天地)
- (021)6385-0601
- (021)6326-6299
- 일~목 10:30~22:30 금~토 11:00~23:00

상해에서 선물을 구입하고 싶다면 신천지 전매점은 최고의 선택이라고 할 수 있다. 신천지 전매점은 신천지에만 두 개의 매장을 가지고 있다. 북리의 1호점에서는 중국풍의 티셔츠, 넥타이, 스카프, 장식품, 인형 등을 판매하는데, 모두 신천지에서 직접 디자인한 것으로 다른

🍴 식당

신 길사 레스토랑

新吉士餐廳

- P66A1
- 지하철역에서 도보10분
- 上海市太倉路181弄2號(新天地)
- (021)6336-8474
- www.xintiandi.com
- (점심)11:00~14:00 (저녁)17:00~22:00

햇살이 신천지의 석고문 벽돌을 비추는 모습은 새로우면서도 고전적인 분위기가 물씬 풍긴다. 신 길사 레스토랑 또한 새로운 요리방법으로 전통적인 해산물 요리에 새로운 일면을 더하고 있다.

신 길사는 신천지에서 가장 성공한 식당의 전형이라고 할 수 있다. 복고적인 석고문 양식의 건물을 식당으로 새롭게 단장했다. 커다란 통 유리창으로 뒤뜰을 두르는 등 기발한 인테리어로 사람들의 관심을 끌었다. 게다가 바로 옆이 신천지 광장과 연결되는 통로라서 오고 가는 사람들은 자연스레 신 길사에서 식사를 하는 사람들을 보며 자신도 고급 레스토랑에서 식사를 하고 싶다는 생각을 하게 된다.

석가화원 주가

席家花園酒家

- P41B2
- 지하철역에서 도보 10~15분
- 上海市巨鹿路889號
- (021)6466-1246
- (점심)11:00~14:00 (저녁)17:00~21:00

석가화원 주가의 본점은 동평로2호(東平路2號)에 위치해 있다. 과거 국민당 정부 시절 중앙은행 총재였던 석덕의(席德懿)의 저택으로 '석가화원'이라고 불린다. 주로 퓨전 상해 요리를 위주로 하며, 거록로(巨鹿路)에 위치한 이곳 분점도 이미 개업한 지 7년이 넘었다.

석가화원은 여전히 전통적이고 우아한 모습을 유지하고 있다. 특히 베란다가 있는 2층은 유럽 스타일의 분위기로 가득하다. 평일에는

곳에서는 살 수 없는 것들이다. 정교하면서도 세심한 바느질 솜씨가 돋보인다.

북리와 남리의 교차로에 있는 매장에서는 여성의류를 위주로 판매한다. 중국 실크제품과 캐시미어 제품이 많아 선물용으로 적합하다.

하지만 무엇보다도 신 길사의 가장 큰 무기는 바로 요리이다. 이곳의 요리는 담백하고 기름기가 적다는 것이 특징이다. 사용되는 재료, 맛, 메뉴 모두 손님들의 이목을 끈다. 대표적인 요리는 '수베이찌탕(88위안)'인데 소북(蘇北)의 농가에서 직접 기른 토종닭을 사용하여 육질이 부드럽다. 매일 수량이 한정되어 있다는 것을 꼭 기억하자. '상하이주서후이차이씬(38위안)'은 죽순의 담백한 맛을 살리고 육수에 끓여 부드러운 맛을 낸 것이다. 이밖에 '와이퍼훙사오러우(38위안)'도 돼지고기의 참맛을 느낄 수 있는 요리이다.

주로 샐러리맨들이 많이 방문하고 주말에는 가족외식이 대부분이다. 이곳의 요리는 맛이 깔끔하고 담백하며 웰빙라이프를 강조하는 요즘 시대에 부응한다.

이곳에서 꼭 먹어봐야 할 요리는 '챵시에(58위안)'다. 이 요리는 상해 요리사라면 누구나 할 수 있는 요리지만 이곳의 요리방법은 다른 곳과 사뭇 달라 색다른 맛을 느낄 수 있다. 단, 여름에는 판매하지 않는다. 이밖에 '차오칭떠우니(32위안)'는 찐 완두콩을 설탕에 넣고 볶은 것으로 남녀노소 모두가 즐겨먹는다.

캘리포니아

California

- P41B2
- 지하철역에서 도보 약15~20분
- 上海市皐蘭路2號(復興公園 내)
- (021)5383-2328
- 일~목 11:30~2:30
  금~토 11:30~4:00
- 음료수 위안55부터

빨간 카운터, 빨간 소파, 빨간 커튼, 빨간 벽지 등 California는 신비스럽고 도발적인 빨간색으로 뒤덮여 있다. 관능적인 분위기를 간접적으로 표출하는 이곳은 언제나 선남선녀의 뜨거운 열기로 가득하다. 늦은 밤일수록 사람들로 붐비며 새벽 3시에도 여전히 파티를 즐기는 사람들로 가득하다.

호정 레스토랑

湖庭餐廳

- P67A1
- 지하철역에서 도보 약10~15분
- 上海市黃陂南路383號(興業路와 新天地 부근)
- (021)6387-6387
- 10:30~22:30
- 점심메뉴 위안450, 저녁메뉴 600위안

신천지에서 가장 좋은 식당을 묻는다면 누구나 호정이라고 할 것이다. 최고의 환경, 최상의 분위기, 맛있는 요리, 이 모든 것을 다 누릴 수 있기 때문이다.

호정은 태평호(太平湖) 근처에 위치해 있다. 옛 석고문을 새롭게 개조한 건물로 입구로 들어서면 세상과 완전히 격리된 것 같은 느낌이 든다. 그러나 좀 더 안쪽으로 들어가면 유명 디자이너인 Stephen James가 흰색을 기본 테마로 꾸민 아름다운 공간이 눈앞에 펼쳐진다. 기하학적 모형과 채색유리창, 아름답게 조각된 문, 터키 전등이 사람

파크 97-Baci

Park 97-Baci

- P42B2
- 지하철역에서 도보 약15~20분
- 上海市皐蘭路2號(復興公園내)
- (021)5383-2208
- 10:00~2:00

이곳의 낮과 밤은 야누스적이다.

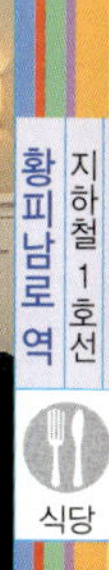

들을 매혹시킨다.

간혹 보이는 수묵화, 청나라 도자기, 골동가구 등이 그나마 이곳이 중국 식당이라는 사실을 알려주고 있다. 동서양의 정신이 인테리어에 고루 녹아있어 편안하면서도 고급스러운 분위기이다.

호정 레스토랑은 회양(淮陽)요리를 위주로 하고 있다. 모든 요리에는 인공조미료와 색소, 뼈를 넣지 않는다는 것이 가장 큰 특징이다. 하지만 중국 요리를 앞의 전제 조건처럼 조리하여 맛을 내기란 매우 어려우므로 이곳의 요리는 8~9번에 거쳐 시험해본 후에야 손님에게 선보인다.

이곳에서 꼭 먹어보아야 할 요리는 '바오타밍주'이다. 달콤하게 맛을 낸 삼겹살을 아주 얇게 썰어 탑 모양처럼 쌓아, 젓가락으로 살짝 집어서 야채와 함께 먹는 것인데 그 맛이 아주 일품이다. 또 겉은 아삭하고 속은 부드러운 '싼후바오쥐엔'은 오이 속에 전복과 오징어를 썰어 넣어 맛이 시원하고 상쾌하다.

호정은 3층 건물이지만 테이블이 6개밖에 없고 룸서비스의 형식으로 식사가 진행되므로 사전에 반드시 예약을 해야 한다.

낮에는 평범한 레스토랑 분위기이지만, 밤이 되면 고급 사교장소로 변신한다. 높은 천장과 대형거울은 현대적인 감각을 살려주고 화려한 옷차림의 남녀들은 부드러운 음악과 조명 아래서 이탈리아 음식을 즐기며 로맨틱함을 맘껏 즐길 수 있다.

밤이 깊을수록 바에는 점점 많은 선남선녀들이 모여든다. 특히 바로 옆에 위치한 California Club에서는 끊임없이 경쾌한 음악이 흘러나온다. 식사를 마치고 여흥을 즐기고 싶다면 옆문을 열고 들어가기만 하면 된다.

바 베네
Va bena

- P66B2
- 지하철역에서 도보10분
- 上海市太倉路181弄北里7號樓(新天地)
- (021)6311-2211
- (점심)11:30~15:00
  (저녁)18:00~23:00,
  금, 토-(점심시간동일)
  (저녁)18:00~23:30
- 일인당 평균 500위안

신천지의 옛 석고문 골목에 숨어

있는 이곳은 마치 이탈리아의 작은 마을의 비좁은 골목처럼 사랑스럽고 매력적인 식당들이 옹기종기 모여 있다. 벽에는 푸른 빛으로 반짝

루나 레스토랑&바
Luna 西餐廳酒吧

- P66A2
- 지하철역에서 도보10분
- 上海市太倉路181弄北里16號樓1單元(新天地)
- (021)6336-1717
- 11:30~2:00
- 일인당 평균 200위안

　신천지 광장 정중앙에 위치한 이곳은 햇빛이 가장 잘 드는 레스토랑이다. Luna는 3개의 구역으로 나누어져 있다. 광장을 향한 창가 자

리는 커피를 마시고, 대화를 나누며, 거리의 풍경을 감상할 수 있는 장소이다. 1층의 바에서는 재즈음악을 들으며 칵테일을 즐기는 아름다운 여성들을 많이 볼 수 있다.

T8

- P66B2
- 지하철역에서 도보10분
- 上海市太倉路181弄北里8單元(新天地)
- (021)6355-8999
- 11:00~1:00
  18:00~1:00(화요일)
- 점심메뉴 150위안, 저녁메뉴 500위안

　세계 50대 식당에 꼽히는 T8은 최고 수준의 인테리어와 요리를 자

이는 잎사귀들이 어우러져 골목을 지나는 사람들은 종종 발길을 멈추고 사진을 찍곤 한다. 바 베네는 이곳에서도 명성이 자자한 식당이다. 1층은 식사장소, 2층은 연회장소와 흡연실로 사용되고 있다.

1층의 가장 큰 특징은 투명한 유리로 된 커다란 온실에서 대자연을 즐기며 이탈리아 음식을 맛볼 수 있다는 것이다. 이곳의 '바오빙버싸'는 저렴하면서도 맛이 뛰어나 주머니 사정이 좋지 않은 여행객들도 만족하고 돌아갈 수 있다.

식당

2층에는 우아한 저녁식사를 할 수 있는 유럽식 귀빈식당이 마련되어 있다.

Luna의 바에 앉아 까만 제복을 입은 종업원과 북적이는 바깥 풍경을 바라보고 있으면 마치 뉴욕에 있는 것 같은 착각이 든다. 깔끔한 인테리어와 동작이 민첩한 종업원, 보기에도 먹음직스러운 건강한 이탈리아 음식, 여기에 향이 짙은 커피를 곁들이면 보헤미안식의 편안함과 자유, 부르주아의 고급스러움과 우아함을 동시에 느낄 수 있다.

랑하다. 은은하고 신비한 분위기는 T8의 특징으로, 일본의 설계회사 Super Potao가 인테리어를 담당했다. 차가운 동양색채와 서양식의 개방형 주방은 의외로 잘 어울린다. 입구의 중국식 정원은 동남아의 휴양지 식당을 연상케 한다.

개방형 주방을 둘러싸고 나란히 놓인 의자는 혼자 온 손님을 위해 마련된 특별석이다.

식당은 교묘하게 두 구역으로 나뉘어 투명 유리창 뒤에는 일본식의 나무로 된 바가 있다. 손님들은 식사 전에 이곳에서 친구와 대화를 나누고 술도 마실 수 있다. 다른 한쪽에는 푹신한 소파가 놓인 라운지 구역으로 깊은 밤 적당하게 술을 마시며 분위기를 즐기는 장소이다.

투명사고

透明思考

P66B2

지하철역에서 도보10분

上海市太倉路181弄11號樓(新天地)

(021)6326-2227

13:30～1:00

일인당 평균 70위안, 식사 500위안

  투명사고는 온전히 유리로만 장식된 유리의 세계로, 동방의 신비가 느껴지는 공간이라 할 수 있다. 신천지에 있는 10개의 특이한 식당 중에서, 투명사고는 드물게도 내부

라 메종

La Maison

P66B2

지하철역에서 도보10분

上海市太倉路181弄23號1單元(新天地)

(021)6326-0855

www.xintiandi.com

11:00～2:00

일인당 평균 점심메뉴(60～100위안) 공연(150위안) 저녁메뉴+공연=(300위안)

  파리의 물랑루즈 분위기를 모방한 이곳은 신천지에서 가장 손님들로 북적이는 프랑스 요리 전문점이다. 식당은 두 가지 주제로 인테리어 되어 있는데, 2층은 빨간색과 검은색으로 즐겁고 활동적인 분위기를 연출했고, 3층은 우아하면서도 로맨틱함을 강조했다. 3층에는 또 귀빈접대용 룸이 따로 마련되어 있는데, 그 내부는 동서양 문화를 주제로 꾸며져 있다. 손님들은 눈과

귀로는 노래와 춤을 즐기며 입으로는 프랑스 요리를 즐길 수 있다. 작은 개인 베란다도 있는데, 프랑스 최고의 여배우 소피마르소가 이곳의 첫 번째 손님이었다고 한다.

  라 메종에는 정통 프랑스 요리와 술을 제공한다. 추천하는 요리로는 '프랑스식 거위 간 요리(푸아그라)', '캐비어', '쌴원위타바오빙' 등이 있고, 주식으로는 '찌엔쉬에위차오수차이', '헤이위즈무쓰싸스' 등이 있다.

  이밖에 식당과는 좀 다른 Le Club도 있는데 한번 가볼 만하다. 차가워 보이는 은색의 테이블과 의자는 우주공간에 있는 것 같은 느낌을 주고, 파란 조명과 난사되는 레이저가 교차되며 시대를 초월하는 멋진 분위기를 연출한다.

인테리어를 상해의 상징 중 하나인 석고문으로 꾸몄다. 이곳은 불빛과 유리, 유약이라는 세 가지 디자인 요소를 사용하여 창의적으로 꾸며 마치 하나의 작은 유리 박물관 같은 느낌을 준다. 이곳은 메뉴 또한 창의적인 퓨전 요리를 추구하고 있다. Fine Dining의 기본에 맛있고도 재미난 요리를 곁들이고, 여기에 프랑스식 요리를 더해 투명사고만의 특별 요리를 제공한다.

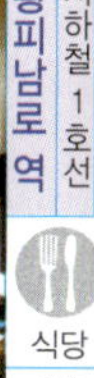

Ⓗ 숙박

88신천지 호텔식 서비스 맨션
88新天地酒店式服務公寓

P67A2
上海市黃陂南路380號(新天地)
(021)5383-8833
$288부터
www.88xintiandi.com

금강 유스호스텔
錦江靑年會賓館(YMCA)

P88A2

上海市西藏南路123號
(021)6326-1040
(021)6320-1957
$15부터
www.ymcahotel.com/chinese/

성첩 고급서비스 맨션
盛捷高級服務公寓

P41B2
上海市黃陂南路8號
(021)6385-6888
(021)6385-6888
$171부터

인민광장 역

👁 명소

상해 가극원

上海歌劇院

🔺 P41B1
🔵 지하철역에서 도보5분
🏠 上海市奉賢路272號
📞 (021)6215-1854

🕓 (오전)8:30~11:00
　　(오후)13:00~16:00
💲 입장권 50위안

　상해 가극원은 총 점유면적 1만㎡, 높이 40m로 지하의 두 층을 합치면 모두 10층 건물의 높이이다. 상해의 문화 아이콘으로 각종 유명한 예술제, 음악회가 모두 이곳에서 열린다. 상해 가극원은 총 세 개의 극장으로 나누어져 있다. 대극장에는 1800개의 객석이 마련되어 있으며 발

상해 도시계획전시관

上海市城市規劃展示館

🔺 P41B1
🔵 지하철역에서 도보5분
🏠 上海市人民大道100號
📞 (021)6318-4477
🕓 9:00~16:00
💲 입장권 30위안

　이 건물은 놀랄 만큼 웅장하다. 특히 밤이 되면 은색의 조명이 건

레, 오페라, 교향악 연주회 등 대형 공연장소로 사용된다. 중형 극장은 550개의 객석 규모로, 지방공연과 실내음악공연 연출용으로 사용된다. 가장 작은 소극장은 250개의 객석 규모로 연극이나 작은 규모의 공연이 이루어진다.

물을 비추어 마치 투명한 하늘의 궁전처럼 느껴진다. 이곳에서는 교통, 토지, 개발구 등을 포함한 2020년까지의 상해 발전계획을 전시하고 있다. 전시 내용을 통해 상해의 미래모습을 볼 수 있으며, 상해 정부의 성과를 외국인들에게 보여주는 곳이기도 하다. 만약 상해의 잉여가치 또는 부동산투자에 관심이 많다면 이곳에 오는 것도 도움이 될 것이다. 사실상 중국정부는 상해 발전을 체계적으로 계획하고 있다. 그들의 계획과 성과를 보고 있으면 많은 부분에 있어서 놀라움을 감출 수 없을 것이다.

인민공원

人民公園

P41B1

지하철역에서 나오면 바로

인민공원과 인민광장은 하나의 주제로 조성되어졌다고 볼 수 있다. 이 '도시의 허파' 역할을 담당하는 공원은 넓이가 14만㎢에 이르며, 상해 시민들이 자주 찾는 곳이다. 북쪽은 인민공원이고 남쪽은 인민광장인데, 광장 중앙의 '천원지방(天圓地方)'이라는 건축물이 바로 상해박물관이다.

인민공원은 낡고 오래되었지만, 평일에도 여전히 태극권 수련이나 장기를 두는 상해 노인들로 북적인다. 매년 7~8월이 되면 연꽃이 활짝 피어 노을로 붉게 물든 저녁 하늘을 연상케 한다.

상해박물관

上海博物館

- P41B1
- 지하철역에서 도보5분
- 上海市人民大道201號
- (021)6372-3500
- 9:00～17:00
- 입장권 20위안

인민광장 중앙에는 독특한 모양의 박물관이 있다. 정사각형 기반에 원형지붕, 양쪽에 아치형의 손잡이가 달린 이 건물은 '천원지방(天圓地方: 하늘은 둥글고 땅은 네모나다)'이라고 불린다. 총 높이는 29.5m로 1996년 10월12일에 완공되었다.

박물관 내에는 중국의 귀중한 물품들이 소장되어 있어 중국 공예의 아름다움을 느낄 수 있다. 이곳에는 청동기, 옥기, 그림, 동전, 갑골문 등 총 12만 3천여 개의 소장품들이 21종 11개 구역으로 나뉘어 전시되고 있다.

1층에는 고대 중국의 청동기, 조각품 및 로비가 있고, 2층에는 도자기, 3층에는 서예작품

과 그림, 4층에는 고대 옥기, 동전,
명 청시대의 가구, 소수민족 공예
품 등이 전시되어 있다. 이밖에 문
물기증 전람관 및 3개의 전시관에
는 상해의 필수 여행코스 전시장이
있으니 시간이 난다면 꼭 한번 들
러보자.

H 숙박

고상 호텔 古象大酒店

- P88A1
- 上海市九江路595號
- (021)3313-4888
- (021)3313-4880
- 1,288위안부터
- http://guxiangshanghai.hojochina.com/guxiang-sh-home.html
- sales.shanghai@hojoplaza.com

국가 호텔 國家飯店

- P41B1
- 上海市南京西路170號
- (021)6327-5225
- (021)6327-6958
- 688위안부터
- www.parkhotel.com.cn

대도시 호텔 大都市酒店

- P88A1
- 上海市湖北路131號
- (021)6322-6800
- (021)6322-9246
- 385위안부터
- www.dadushi.com.cn
- welcome@dadushi.com.cn

양자 호텔 揚子飯店

- P88A1
- 上海市漢口路740號
- (021)6351-7880
- (021)6351-6012
- 528위안부터
- www.yangtzehotel.cn
- service@yangtzehotel.cn

지하철 2호선

세기공원 역

世紀公園站   스지꿍위엔짠

👁 명소

세기공원

世紀公園

- P89B3
- 지하철역에서 나오면 바로
- (021)3876-0588
- 7:00~17:00(3/16~11/5 18:00 까지 연장)
- 입장권10위안

　이 공원은 실제로 엄청 크다. 점유면적이 1,403km²에 이르며, 광활하게 펼쳐진 아름다운 잔디와 숲, 호수가 갖추어져 있다. 게다가 전원구역, 호반구역, 잔디구역, 조류보호구역, 이국풍경구역과 미니골프장 등 7개의 관람구역과 경천호(鏡天湖), 고주분수(高株噴泉), 남국풍경(南國風情), 동방홍주 분재원(東方虹珠盆景園), 녹색세계부조(綠色世界浮彫), 음악분수(音樂噴泉), 음악광장(音樂廣場), 녹색연못(綠池), 조도(鳥島) 등 45개의 볼거리가 있다. 사람들은 이곳에서 산책, 운동, 유람선관광을 하거나 자전거를 타고 낚시를 즐긴다. 그러다가 피곤해지면 식당이나 카페에서 잠시 휴식을 취하기도 한다. 세기공원은 상해 사람들의 여가생활을 엿볼 수 있는 가장 좋은 장소라고 할 수 있다.

상해과기관 역

上海科技官站 상하이커지관짠

중 생물의 다양한 측면을 보여주는 생물만상(生物万象)구역, 지질변화를 체험할 수 있는 지각탐밀(地殼探秘)구역, 영화기술을 살펴볼 수 있는 시청낙원(視聽樂園)구역이 있다. 이밖에도 IMAX3D영화관, IMAX360°영화관, 전 방위 영화관과 우주영화관 등 아시아에서 가장 큰 4개의 특수효과 영화상영관이 있다.

2001년, 아시아태평양경제협력체(APEC)의 제9차 지도자 비정기회의가 이곳에서 열리기도 했다. 상해의 현대 과학기술 수준을 엿볼 수 있는 곳으로 지하철역과 가까워 쉽게 방문할 수 있다.

상해과기관

上海科技官

- P89B3
- 지하철역에서 나오면 바로
- 上海市世紀大道2000號
- (021)6862-2000
- 화~일9:00~17:15
- 일반 60위안, 학생 45위안

상해과기관(상해 과학기술관)은 '자연, 인류, 과학기술'을 주제로 한 12개의 전시구역이 있으며, 그

住新光酒店
廣西北路
天津路
東亞飯店
福建中路
南京飯店 남경호텔
河南中路
巴比饅頭 파비만두(바비만두)
和平飯店 화평호텔
陳毅廣場
揚子飯店
南東路
九江路
海侖賓館 해륜호텔
江西中路
九江路
外灘18號 외탄18호
觀光隧道 관광터널
濱江大道 빈강대도
河南中路站
黃浦區
外灘 외탄
東方濱江大酒店 동방빈강호텔
漢口路
古象大酒店
新城飯店
外灘12號 외탄12호
老正興菜館 노정흥식당
福州路
外灘9號 외탄9호
延安東路隧道
王寶和酒家
吳宮大酒店
廣東路
外灘5號 외탄5호
陸家嘴西路
濱江大道
城路
廣東路
大都市酒店
外灘3號 외탄3호
威斯汀大飯店 웨스틴호텔
自然博物館 자연박물관
浦東香格里拉酒店 포동샹그릴라호텔
雲南南路
金陵東路
人民路
Paulaner's 파울라너스
錦江靑年會館(YMCA) 금강유스호스텔(YMCA)
西藏南路
福佑路
上海老飯店 상해노반점
豫園 예원
十六舖客運碼頭
南翔饅頭店 남상만두점
綠波廊 녹파랑
城隍廟 성황묘
老西門 노서문
方濱中路
上海老街 상해옛거리
十六舖 십육포
綠苑大酒店 녹원호텔
良良大酒店 양량호텔
復興東路
中華路
河南南路
東街
文廟路
光啟南路
復興東路
蓬萊路
喬家路
白渡路
毛家路
中華路
俞家路
巡道街
紫霞路
黃家路
王家碼頭路
中山南路
江陽街
陸家濱路
東江陽街
董家渡路
南車站路
董家渡天主堂 동가도성당
斜土東路
西藏南路
蓬萊公園 봉래공원
中山南路

STARBUCKS COFFEE

A B
상하이 지하철 2호선 주변도
1 1
濱江大道 빈강대도
東方明珠 동방명주
上海海洋水族館 상해해양수족관
銀城東路
銀城北路
陸家嘴站 육가취역
銀城中路
銀城西路
昌邑路
浦東雅詩閣飯店 포동아시각호텔
浦東大道站 浦東大道
陸家嘴綠地 육가취녹지
陸家嘴東路
金茂大廈
東方醫院 동방의원
Grand Hyatt Shanghai 그랜드 하이아트 상하이
東泰路
上海證券大廈 상해증권빌딩
2 2
崗山西路
東昌路站 동창로역
福山路
銀城南路
乳山路
東昌路
崗山東路
冰廣田路
浦城路
商城路
商城路
新上海商業城
浦東新亞湯臣洲際大酒店
第一八佰伴新世紀商廈 제일팔백신세기상업빌딩
東方路站 동방로역
楊家渡 양가도
張揚路
東方路站
楊復線
陸家嘴金融貿易區 육가취금융무역지구
地鐵2號線
3 3
老白渡 노백도
潍坊路
東方路
崗山西路潍坊醫院
瑞吉紅塔酒店 서길홍탑호텔
浦東假日酒店
中油日航大酒店
浦電路
浦電路站
浦電路
塘董線
塘橋 당교
4 4
塘橋新路 塘橋路
N
기호 설명 명소 식당 쇼핑 호텔 지하철
A B

H 숙박

세인트 레지스 호텔 상하이
St. Regis Hotel, Shanghai

P89B3

지하철역에서 도보 약5~10분

上海市東方路889號

(021)5050-4567　F (021)6875-6789

www.stregis.com　$ 1,450위안부터

　어떤 호텔이 최고의 비즈니스 호텔이라고 할 수 있을까? 6성급의 세인트 레지스 호텔은 상해에서 가장 호화로운 호텔서비스를 받을 수 있는 곳이다. '포동의 별(浦東之星)'이라고 불리는 이 호텔에 투숙할 수 있는 사람이라면 그 신분도 평범하지 않을 것이다.

　포동의 금융한 상업구역(金融漢商業區)에 위치한 이 호텔은 총 40층으로 318개의 호화객실이 마련되어 있다. 각 객실은 세계적인 호텔 실내 인테리어 전문가 Hirsch Bedner & Associates가 설계한 것이다. 객실 내에 배치된 모든 시설은 국제적으로 알아주는 브랜드 제품으로, 편안한 매트리스, Herman Miller의 'Aeron' 의자, BOSE 레이저음향설비와 고급 안마기가 구비되어 있다.

　24시간 서비스도 다른 호텔과 차별화된 점이다. 각 층마다 전문 직원이 대기하고 있어 언제든지 손님을 위해 체크인과 짐정리, 24시간 무료 음료(녹차 또는 커피)제공 등 다양한 서비스를 하고 있다.

　이곳의 식당가 또한 매우 특별하다. 그중 최고급 이탈리아 식당 Danieli's는 르네상스식 조각품과 현대적인 장식으로 우아한 분위기를 만들어 손님의 시각과 미각을 동시에 만족시켜준다.

　이밖에도 1층에는 뷔페를 제공하는 경사원(經思園)과 중식을 제공하는 가녕나(家寧娜)식당도 있다.

육가취 역

명소

동방명주

東方明珠

 P89A1

지하철역에서 도보5분

상구체(上球體)70위안, 이구체(二球體)85위안, 삼구체(三球體)100위안

11개의 크기가 다른 구체로 이루어진 동방명주는 1991년 7월에 시공되어 1994년 10월 1일에 완공되었다. 높이는 468미터로 아시아에서 가장 높으며 세계에서는 3번째로 높은 탑이다. 마치 몇 개의 진주를 꿰어놓은 모습과도 같아 포동 지역을 상징하는 랜드 마크가 되었다. 상해의 아름다운 야경을 한눈에 감상할 수 있다.

빈강대도

濱江大道

P88B1+P89A1

지하철역에서 도보 약5~10분

빈강대도는 외탄(外灘)의 보행구

역과는 전혀 다른 모습이다. 외탄이 옛날 풍경을 떠올리게 하는 식민지 시대의 모습을 간직하고 있다면 빈강대도는 현대적이고 새로운 중국을 연상케 한다.

빈강대도는 입체적으로 설계되어 있다. 강변에는 전망대가 있고, 그보다 약간 높은 곳에 꽃과 잔디로 덮인 언덕이 조성되어 있다. 전망대에서는 포동의 아름다운 경치를 감상할 수 있다.

세기대도

世紀大道

P89A1+A2

지하철역에서 도보 약5~10분

포동을 관통하는 초특급대로인 세기대도는 서쪽의 동방명주에서 동쪽의 세기공원까지 이어지는 5km의 대로로, 중국 최초의 관광도로이다.

세기대도는 너비만 100m여서 길을 건너는 것만 해도 많은 시간이 소요된다. 각 30m 너비의 8개의 왕복 차선 중 6개 차선은 빠르게 달리고 나머지 2개 차선은 감속 도로이다. 도로 양측에는 각 6m 넓이의 보조 차선이 있으며 조각상들도 세워져 있다.

세기대도에서 바라본 포동은 하늘을 찌를 것 같은 높은 고층 건물들로 가득하여, 현대적인 빌딩숲의 위압감을 느낄 수 있다.

　시멘트 난간 대신 쇠사슬로 강기슭과 수면을 구분해 놓았기 때문에 포서(浦西)보다 가까운 곳에서 강을 느낄 수 있다. 빈강대도의 일부 구간에서는 오래된 부두를 유람선 선착장으로 새롭게 재건해놓았다. 선착장에 거대한 닻과 밧줄을 매달고, 백여 개의 구멍으로 만들어진 거대한 분수대에 조명을 쏘아 밤이 되면 분수와 불빛이 어우러져 사람들의 시선을 사로잡는다.

육가취 녹지

陸家嘴綠地

P89A1

지하철역에서 도보 약5~10분

　육가취의 금융 중심지에 위치하고 있다. 인위적으로 보존된 10만 km²의 녹지는 상해에서 규모가 가장 큰 개방식 그린벨트 지역이다. 이 녹지에는 약 8600m² 넓이의 호수가 있으며, 호수 옆에는 대형 전망대가 서있다. 전망대 기둥의 높이는 28m이고 지붕의 모양은 소라모양과 흡사하다. 나무들이 많이 심겨져 있지만 한여름에 산책하다 보면 더위에 정신을 잃을 정도다. 그러므로 반드시 마실 물을 준비하자!

상해 해양수족관

上海海洋水族館

- P89A1
- 지하철역에서 도보5분
- 上海市陸家嘴環路1388號
- (021)5877-9988
- 9:00~21:00(7, 8월 여름방학, 설날, 5월1일과 10월1일 황금 주말에는 21:00까지 연장)
- 성인 110위안, 노인 65위안, 어린이 70위안
- www.aquarium.sh.cn

상해 해양수족관은 총 5층으로, 중국 구역, 남미 구역, 오스트레일리아 구역, 아프리카 구역, 동남아 구역, 냉수 구역, 남극 구역, 해안

식당

파울라너스

Paulaner's

- P88B2
- 지하철역에서 도보10분
- 上海市濱江大道濱江風光亭
- (021)6888-3935
- 일~목 10:00~1:00
  금~토 10:00~2:00

이미 포서(浦西)에 2개의 체인점을 오픈한 파울라너스는 2003년 황포강(黃浦江) 강변에 3번째 체인점을 오픈하였다. 이곳에서 가장 유명한 것은 자체 브랜드 맥주이다. 이곳의 맥주는 독일의 전통 맥주 제조과정에 따라 제조되어 순수하고 신선한 맛을 살려 손님들의 사랑을 받고 있다. 독일의 뮌헨 파울라너에서 초청된 주조사가 4종류

구역, 심해 구역 이렇게 9대 구역 32개의 테마전시장으로 이루어져 있다. 350여 품종, 15000여 마리의 해양생물과 희귀어류가 전시되어 있는데 그중에는 희귀한 상어도 포함되어 있다.

이곳은 전 세계에서 유일하게 중국 전시관을 설치한 수족관으로, 양자강 유역의 수중생물의 생태환경을 주제로 집중적으로 전시하고 있다. 또한 길이가 155m나 되는 해저관광터널은 세계최고의 수준을 자랑한다.

의 색다른 맛의 맥주를 제조했다. 옐로우맥주, 블랙맥주, 화이트맥주와 순수 옐로우맥주는 각기 제조방법이 다르고 맛도 다르며 알코올 농도도 제각각이다.

정성을 다해 제조한 맥주와 더불어 전통적인 요리도 맛보자. '샹창핀판'은 뉴렌버그소시지, 베이컨소시지, 비엔나소시지와 치즈소시지를 함께 담아 손님들의 입맛을 사로잡는다. 또 유명한 '독일식족발' 요리도 추천한다.

파울라너스의 여러 개의 체인점 중에서도 포동점의 분위기가 가장 로맨틱하고 우아하다고 할 수 있다. 저녁에는 식당 밖의 의자에 앉아 외탄의 아름다운 야경을 감상할 수 있다.

식당 내부에는 바깥풍경과 달리 유럽에서 직수입한 가구들과 예술품들로 장식하여 이국적인 분위기를 연출했다. 친구나 동창모임 또는 가족 외식을 하는 손님들로 가득 차 예약을 하지 않으면 좌석이 없는 경우가 비일비재하다.

매일 저녁 8시부터는 필리핀에서 온 라이브 밴드의 공연이 있어 분위기를 고조 시킨다. 그야말로 상해 속의 세계라는 느낌이 들게 한다.

상해의 곳곳을 누비느라 지쳤다면 이곳에서 지친 발걸음을 잠시 멈추고 편하게 쉬어보자.

맛있는 음식과 시원한 맥주에 낭만적인 야경까지, 여행의 즐거움이 배가 될 것이다.

제이드 온 36바

Jade on 36Bar

- P88B1
- 지하철역에서 도보10분
- 上海市富城路33號36樓(浦東香格里拉酒店)
- (021)6882-3636
- 일~목18:00~1:00
  금~토18:00~2:00
- 음료수 55위안부터

이곳은 호화로운 포동 샹그릴라 호텔신관의 36층에 위치하고 있다. 36층에는 술집과 식당이 서로 마주보고 있어 독립된 엘리베이터를 통해 곧바로 진입할 수 있다.

엘리베이터에서 나오면 금색의 새장처럼 생긴 회전문이 보인다. 이런 현대적인 인테리어는 마치 시대를 초월한 공간으로 인도하는 것 같다.

Jade 36의 실내장식은 더욱 그러하다. 인테리어 디자이너 Adan D.Tihany는 중국 고대 제왕의 용포에서 영감을 얻어 금속으로 된 천장, 빨간색과 초록색이 두드러지는 기하학적인 설계로 재미를 살렸다. 마치 보석함 속에 들어가 있는 것 같은 느낌이 들기도 한다. 자리를 잡고 앉아 화려한 외탄의 야경을 마주하면 곧 여유롭고 우아한 분위기 속으로 빠져들게 될 것이다.

클라우드9

Cloud9

- P89A1
- 지하철역에서 도보5분
- 上海市世紀大道88號金茂大厦87樓 (金茂君悅大酒店)
- (021)5047-1234 내선8787
- 월~목 18:00~1:00
  금 18:00~2:00,
  토11:00~2:00,
  일 11:00~1:00
- 일인당 평균 120위안

전 세계에서 가장 높은 곳에 위치한 술집인 Cloud9는 바를 즐겨

이곳의 DJ는 귀를 꽝꽝 울리는 음악보다는 부드럽고 편안한 재즈 음악과 하우스 뮤직을 주로 틀어준다. 바텐더도 사람들이 환호하는 화려한 기술을 사용하지 않는데, 그것은 손님들이 조용하고 로맨틱한 밤을 즐길 수 있도록 하기 위해서이다. 그래서인지 품위 있는 인사들이 가장 많이 찾는 곳이기도 하다.

찾는 사람이라면 꼭 들러보아야 할 성지라고 할 수 있다. 〈뉴스위크〉에서 '아시아에서 가장 가볼 만한 장소' 중의 한 곳으로 뽑히기도 했다.

이곳은 그랜드 하얏트 호텔(金茂君悅大酒店)의 87층 전체를 차지하고 있는데, 빌딩의 정상이라는 위치적 특수성에 따뜻함과 차가움이 교차하는 내부 장식이 어우러져 온화하면서도 신비스러운 공간 분위기를 연출하고 있다. 복합 3면구조로 되어 있는 금무 빌딩의 꼭대기 층은 왕관과 비슷하다.

이곳은 또 내부의 모든 공간을 잘 활용했다. 기둥을 세우고 비스듬한 강철 지지 기둥을 광택이 번쩍이는 아치로 연결한 것은 이곳의 설계 특징 중 하나이다. 이층건물 높이의 통유리 창문 앞에도 놀랍게 바를 설치해 놓았다.

창밖으로 펼쳐지는 화려한 상해 야경을 볼 수 있는 것도 Cloud9의 매력이라고 할 수 있다. 이곳에 오면 분명 낭만적인 시간을 보낼 수 있을 것이다.

포경오락중심

浦勁娛樂中心 Pu-Js

- P89A1
- 지하철역에서 도보5분
- 上海市世紀大道88號金茂大廈3樓(金茂君悅大酒店)
- (021)5047-1234 내선8732, 8733
- 월~목 19:00~1:00, 금~토, 국경일 19:00~2:00
- 일요일

이곳의 호화로운 인테리어는 손님들의 마음을 사로잡기에 충분하다. 조용한 분위기를 즐기고 싶다면 뮤직홀에서 재즈음악을 마음껏 감상하거나, 화강암으로 만들어진 작은 폭포가 있는 와인 바에서 연인과 함께 낭만적인 시간을 보낼 수도 있다.

반면 몸을 마음껏 흔들며 스트레스를 풀고 싶다면 댄스 플로어로 가자. DJ가 틀어주는 최신음악에 맞춰 춤을 추다보면 일상의 스트레스가 싹 날아가고 에너지가 넘치게 될 것이다.

샹그릴라 호텔&리조트

Shangri-La Hotels&Resorts

P88B1

지하철역에서 도보10분 上海市富城路33號
(021)6882-8888 (021)6882-6688
www.shangri-la.com
slpu@shangri-la.com 2,250위안부터

포동 샹그릴라 호텔은 포동에서 가장 번화하고 북적이는 육가취에 있으며, 호텔은 두 개의 동으로 나뉘어 있는데, 포서외탄(蒲西外灘)에서 호텔의 현대적인 외관을 뚜렷하게 볼 수 있다. 특히 제2동의 36층에 있는 식당과 바에서는 상해의 상징인 동방명주와 외탄의 경치를 한눈에 볼 수 있다.

호텔은 총 1000여 개의 객실을 보유하고 있다. 그중 VIP객실은 19평 이상으로 상해에서 가장 큰 규모이다. 객실 안은 쾌적하게 꾸며져 있으며 케이블TV, 국제전화, 위성TV 등의 편의시설이 마련되어 있고, 24시간 객실서비스를 제공한다.

이밖에도 제1동에는 호화로운 비즈니스센터와 연회장, 식당이 있고, 2동에는 대연회장과 '기(氣)'를 이용한 물 치료를 받을 수 있는 스파 및 새로 생긴 '양광방(陽光房)' 실내 수영장이 있어 누구든지 최상의 시설과 서비스를 누릴 수 있다.

그랜드 하얏트 상하이

Grand Hyatt Shanghai

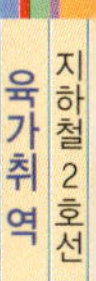

　상해 그랜드 하얏트 호텔은 포동 금무 빌딩의 53층과 87층 사이에 있다.

　그랜드 하얏트 호텔은 중국 전통 예술 품격에 서양의 Art Deco양식과 뉴 밀레니엄 스타일을 결합하여 설계되었다. 창조성이 풍부한 내부 인테리어는 건물 내부 각 구역의 개성을 조화롭게 살리고 있다.

　엘리베이터를 타면 47초만에 54층의 로비에 도착한다. 로비는 이층 높이의 공간으로 투명유리를 설치하여 황포강의 경치를 훤히 내려다볼 수 있게 하였다. 초대형 황색 수정 벽면 램프가 석회석 기둥과 어울려 로비에 호화로운 느낌을 더하고 있다.

　그랜드 하얏트 호텔의 내부인테리어는 현대적인 예술 특색과 중국의 전통적인 아름다움을 결합한 것이다. 초대형 욕실의 내부에는 독립된 샤워실과 증기방지용 거울, 유리 세면대과 양면옷장이 있다. 모든 전등은 리모컨으로 조종이 가능하여 어디서든 편리하게 불의 밝기를 조절할 수 있다.

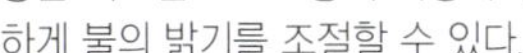

동방빈강 호텔	포동아시각 호텔
東方濱江大酒店	浦東亞詩格賓館店
P88B1	P89B1
上海市濱江大道2727號	上海市浦東大道3號
(021)5037-0000	(021)6886-0088
(021)5037-0999	(021)6886-0001
1,290위안부터	1,699위안부터
www.shicc.net	
Hotel@shicc.net	

하남중로 역

河南中路站 허난쭝루쨘

◎ 명소

외탄
外灘

⚠ P88B1

🚇 **지하철역에서 도보 약10~15분**

황포강 연안에서 반달모양으로 이어지는 1.5킬로미터의 구역은 역사적, 지리적으로 주목받는 곳이다. 한쪽은 번화했던 옛 모습을 간직한 황포탄(黃浦灘)이고 다른 한쪽은 21세기의 고층 건물들이 경쟁하는 포동개발구이다.

외탄은 주로 중산일로(中山一路)가 가로지르는 황포탄 연안을 말하는데, 소주강(蘇州江)의 백도교(白渡橋) 남단에서 복주(福州)까지 이르는 반달 모양 구역에 늘어선 건축물들이 눈길을 사로잡는다. 옛날 미국, 영국, 프랑스 조계지였던 이곳은 당시 지어졌던 영사관, 은행, 잡화점, 신문사 등의 대형 건물들이 여전히 현존해 있다.

외탄은 '만국건축박람회'라는 명성을 얻기도 했다. 외탄을 둘러싼 수천 미터의 빈강대도(濱江大道)에는 품격 있는 근대 건축물 20채가 위풍당당하게 서있다. 밤에 관광보도를 천천히 걷다 보면 등불에 비친 외탄의 건축물을 감상할 수 있을 뿐만 아니라, 저 멀리 강 건너편의 동방명주, 금무 빌딩, 국제컨벤션센터 등 현대식 건축물도 바라볼 수 있다.

최근 들어 이곳에는 많은 변화가 일어났다. 투자자들이 이곳에 눈독을 들이고 자금을 대량으로 투자하면서 최고급 식당, 부티크, Pub, 명품점 등이 입점하기 시작했고 순식간에 상해의 유행을 주도하는 거리가 된 것이다. 지금도 외탄에는 대규모 개발 사업이 진행되고 있다.

여기에는 '외탄 3호(外灘3號)'도 포함되어 있다. 외탄 3호는 처음으로 정부가 소유하고 개발한 복합상가로, 외탄의 화려한 변신을 이끌고 있는 선두주자라고 할 수 있다. '외탄 5호(外灘5號)'는 M on

The Bund가 입주하면서 최신 유행의 집결지가 되었다. 외탄 9호(外灘9號)는 현재 대만브랜드 샤즈 천이 유일하게 단일브랜드로 자리 잡고 있는 곳이기도 히다. 외딘 12호(外灘12號)는 포동 발전은행(浦東發展銀行)이 운영하고 있다. 보기에는 일반 사람들이 들어갈 수 없을 것처럼 보이지만 '12호 커피숍'이 생기면서 사람들에게 친근감을 얻게 되었다. 르네상스적인 면모를 강조하는 '외탄 18호(外灘18號)'에는 이미 세계 정상급 브랜드와 고급 레스토랑들이 입점하여 멋을 아는 사람들의 고급스런 취향을 만족시켜 주고 있다.

남경동로

南京東路

지하철역에서 나오면 바로 도착

외탄이 연인들의 데이트 장소로 가장 좋은 곳이라고 한다면 남경동로는 여가생활을 즐기기에 가장 좋은 곳이라고 할 수 있다. 보행 구역이 생긴 뒤로 이곳의 밤은 낮보다 더 화려하다.

남경로(南京路)는 동쪽의 외탄에서 서쪽의 연안서로(延安西路)까지 총 5킬로미터로, '십리상점가(十里商店街)'로 불리는 유명한 곳이다. 서장중로(西藏中路)를 중심으로 동쪽으로는 남경동로(南京東路), 서쪽으로는 남경서로(南京西路)이며 남경동로 위쪽으로는 상점가로 통한다. 수백 개의 상점과 식당들이 모여 있으므로 쇼핑을 즐기다가 아무 곳이나 들어가 휴식을 취하며 상해의 음식을 맛볼 수 있다.

한편 남경서로의 서장중로 부근에는 식당가가 있어, 저녁이 되면 이곳 교차로는 마치 상해 사람들이 모두 모인 것처럼 붐빈다. 이곳은 또한 남경동로 보행 구역의 시작 지점이기도 하다.

남경로에서 꼭 가보아야 하는 곳은 서장중로와 남경동로의 교차지점에 있는 원형 육교, 강서중로와 남경동로의 교차점, 그리고 인민공원이다. 이곳의 야경은 외탄의 야경 못지 않으며, 원형 육교에서는 도보 구역의 오고 가는 사람들과 저 멀리 거리 전경을 한눈에 감상할 수 있다. 강서중로에서 하남중로까지는 가장 불빛이 화려한 구역으로, 이곳의 저녁은 눈이 부실 만큼 환하다.

에비앙 스파

Evian Spa

지하철역에서 도보 약10~15분

上海市中山東一路3號(外灘3號)

(021)6321-6622

10:00~22:00

3인 기준: 안마 60분(1,600위안), 스위스안마 60분(480위안), 사전예약필수

외탄3호(外灘3號)에 위치한 에비앙 스파에서 은은하게 풍기는 오일 향기는 정신을 맑게 해주고 기분을 편안하게 해준다. 이곳은 홍콩의 디자이너 진유견(陳幼堅)이 직접 인테리어한 곳으로, 은은한 불빛에 흐르는 물과 나무로 실내를 장식하여 편안하고 안정된 분위기를 조성했다. 가히 지상낙원이라고 말할 수 있다.

이곳은 프랑스의 광천수 브랜드인 에비앙의 최초 해외 스파 체인점이다. 깨끗하게 정화된 광천수로 스파 치료를 하는데, 10여 가지 요법 중 3인 안마와 임산부 안마가 가장 특색 있다. 또 스위스안마도 받을 만하다.

관광터널

觀光隧道

P88B1

지하철역에서 도보 약10~15분

편도 20위안, 왕복 30위안

외탄에는 맞은편 포동지역과 바로 연결되는 관광터널이 하나 있다. 중산동일로(中山東一路)와 남경동로(南京東路)의 교차로에서 시작해 맞은편의 국제컨벤션센터 근처까지 연결된다. 이 관광터널의 총 길이는 676.7m로, 통과하는 데만 10분이 걸린다. 터널 내부는 마치 시공간을 탐험하는 듯 환상적이며, 케이블카처럼 생긴 열차의 내부에선 제복을 입은 도우미가 승하차를 안내한다.

터널 내부는 현란한 조명으로 우주여행을 방불케 하고 빠른 속도로 미끄러지는 열차는 마치 우주선을 탄 느낌이지만 시간이 짧은 편이라 아쉬움이 남는다.

샤즈 천

Shiatzy Chen

P88B1
지하철역에서 도보 약10~15분
上海市中山東一路9號(外灘9號)1~2樓

(021)6321-9155
10:00~22:00

새로 단장한 외탄에는 수많은 국제적인 브랜드 매장들이 입주하고 있다.

아름다움을 추구하는 중국 여성들이라면 '샤즈 천'은 낯설지 않은 브랜드이다. 대만에서 온 브랜드로 파리, 홍콩, 북경 등 대도시의 시장을 성공적으로 점유하고 드디어

2005년에는 상해의 외탄 9호(外灘 9號)에 첫 매장을 오픈하였다.

　이곳은 외탄 9호의 고전적인 이미지에 맞춰 특별히 세계적인 건축 디자이너 Jaya Ibrahim을 초빙하여 인테리어를 의뢰했다. 그는 중국 송나라 문인들의 예술을 인테리어의 주제로 삼아 유명 서예가 동양자(董陽孜)의 작품과 섬세한 고급 소재의 원단들을 진열함으로써 우아하고 호화로운 공간을 만들었다. 매장에 있으면 마치 예술품 사이에 서있는 것만 같다.

　현재 샤즈는 외탄 9호에 두 층을 차지하고 있으며 총 면적은 230평에 달한다. 한 층에서는 남녀정장을 판매하고 다른 한 층에는 여성 정장, 원피스, 예복과 가구들을 전시하고 있다.

아르마니
Armani

P88B1

지하철역에서 도보 약10~15분

上海市中山東一路3號(外灘3號)1樓

(021)6339-1133

11:30~22:00

　1975년에 설립된 이탈리아 명품 브랜드 아르마니는 유행의 대명사로 자리 잡고 있다. 우아하고 품위 있는 아르마니 매장은 외탄 3호의 1층에 위치하고 있다. 쇼윈도에는 유행하는 스타일을 진열해놓아 오래된 건물과 함께 어우러져 시대가 교차된 묘한 기분을 느끼게 해준다.

　매장 내 드넓은 공간에는 계절마다 유행하는 신상품이 진열되어 있다. Giorgio Armani 뿐만 아니라 Emporio Armani도 이곳에서 찾아 볼 수 있으며 초콜릿과 사탕 브랜드인 Armani Dolci도 있다.

삼품패 전매점

三品牌專賣店

- P88B1
- 지하철역에서 도보 약10~15분
- 上海中山東一路3號(外灘3號)2樓
- (021)6321-0101
- 10:00~22:00

주로 세계 각국의 고급브랜드 의류와 정장, 액세서리를 판매하는 매장으로 마음껏 옷과 액세서리들을 매치해보며 자신만의 스타일을 찾고 연출할 수 있다. 이곳에서 판매하는 Lanvin, Yohji Yamamoto 등은 모두 인기 있는 브랜드이다.

까르띠에

Cartier

- P88B1
- 지하철역에서 도보10분
- 上海中山東一路18號(外灘18號)1樓
- (021)6329-6309
- 10:00~22:00

외탄 18호에 오픈한 이 매장은 까르띠에의 중국 최초 1호점이다. 프랑스의 최정상급 실내 다자이너 Bruno Moinard가 매장을 인테리어 하였으며 세련된 매장에 어울리는 고급 보석과 시계를 판매하고 있다.

부쉐론

Boucheron

- P88B1
- 지하철역에서 도보10분
- 上海市中山東一路18號(外灘18號)1樓
- (021)6329-6309
- 10:00~22:00

위해 디자인한 제품들을 만나 볼 수 있다.

1858년에 탄생한 프랑스 브랜드 부쉐론은 보석시계의 대명사이다. 이곳은 전 중국에서 유일하게 오픈한 매장으로 부쉐론이 외탄 18호를

엠페러

Emperor

- P88P1
- 지하철역에서 도보10분
- 上海中山東一路18號(外灘18號)1樓
- (021)6329-4193
- 10:00~22:00

1942년에 설립된 보석상이다. 브레게, 오데마 피게, 예거, 로렉스, 소파드, 바쉐론 콘스탄틴, 파텍 필립, 블랑팡 등 세계 최고급 명품 시계들을 취급하고 있다.

쇼핑

파텍 필립

Patek Philippe

- P88B1
- 지하철역에서 도보10분
- 上海中山東一路18號(外灘18號)1樓
- (021)6329-6846
- 10:00~22:00

스위스의 명품시계 브랜드인 파텍 필립도 외탄 18호에 전문 매장을 오픈했다. 이곳은 스위스의 매장 외에 유일한 직영점이자 중국의 유일한 매장이다. 이 브랜드를 좋아한다면 절호의 구매기회를 놓치지 말자.

Gabbian

- P88B1
- 지하철역에서 도보10분
- 上海中山東一路18號(外灘18號)2樓
- (021)6329-9258
- 10:00～22:00

외탄 18호에 오면 Gabbian을 그냥 지나칠 수 없다. 아름답고 화려한 유리제품과 전등장식은 사람들의 이목을 집중시킨다. 이탈리아에서 건너온 이 정교한 유리 제품 브랜드는 각종 꽃병, 용기, 조명장식 등을 취급하며 외탄 18호에 중국 최초의 매장을 열었다. 외탄 18호의 식당에서도 이 브랜드의 제품을 많이 사용한다.

에르메네질도 제냐
Ermenegildo Zegna

- P88B1
- 지하철역에서 도보10분
- 上海中山東一路18號1樓(外灘18號)
- (021)6323-0348

브리
BREE

- P88B1
- 지하철역에서 도보10분
- 上海中山東一路18號(外灘18號)2樓
- (021)6329-8782
- 10:00～22:00

1970년에 설립된 독일의 유명 피혁브랜드 BREE는 외탄 18호에 매장을 열었다. 최신 유행의 가죽 가방과 지갑 등을 구입할 수 있다.

🕙 10:00~22:00

외탄 18호에 위치한 이탈리아 브랜드인 에르메네질도 제냐는 상해의 첫 번째 매장이자 아시아에서 가장 큰 소매점이다.

3층으로 된 매장은 300평 가까이 되어 손님들이 마음껏 쇼핑할 수 있을 정도로 넓고, 계절마다 신상품들로 가득하여 이 브랜드를 좋아하는 사람들에게는 즐거운 쇼핑이 될 것이다.

Allan Chiu

- 🔺 P88B1
- 🚇 지하철역에서 도보10분
- 🏠 上海中山東一路18號(外灘18號)2樓
- 📞 (021)6321-3863
- 🕙 10:00~22:00

이곳은 홍콩의 유명 디자이너 Allan Chiu가 오픈한 세계 정상급의 여성복 맞춤 전문 매장이다. 우아한 디자인과 섬세한 바느질로 유명하다.

아쿠아스큐텀
Aquascutum

- 🔺 P88B1
- 🚇 지하철역에서 도보10분
- 🏠 上海中山東一路18號(外灘18號)1樓
- 📞 (021)3313-0299
- 🕙 10:00~22:00

영국 브랜드 Aquascutum은 영국식의 옷감과 재단방식으로 유명 인사들의 사랑을 받고 있다. 의류 외에도 손가방, 여행가방, 우산, 모자, 스카프, 넥타이, 각종 가죽제품과 신발 등을 취급하고 있다.

포츠 1961
Ports 1961

🔺 **P88B1**

🧭 지하철역에서 도보10분

🏠 上海中山東一路18號(外灘18號)2樓

📞 (021)6329-9121

🕐 10:00~22:00

　Ports 1961은 1961년에 캐나다에서 설립된 브랜드로 중국에서 높은 인지도를 가지고 있다. 이곳의 옷은 우아함이 물씬 풍기므로 여성들이 많이 찾는다.

🍴 식당

라리스
Laris

🔺 **P88B1**

🧭 지하철역에서 도보 약10~15분

🏠 上海中山東一路3號(外灘3號)6樓

📞 (021)6321-9922

🕐 〈식당〉
　11:30~14:30, 18:00~22:30
　〈Vault Bar〉21:00~2:00
　〈초콜릿 룸〉
　(일~목)11:30~14:30,
　17:30~22:30
　(금, 토) 17:30~23:00

💲 일인당 평균 500위안

　이곳의 첫인상은 편안하면서 현대적이다. 외탄 3호의 매장은 흰색을 위주로 인테리어 한 고급식당으로, 문을 들어서면 신선하면서도 풍요로운 분위기가 가득하다.

　호주국적의 그리스인 사장 David Laris는 '현대식 고급 음식 문화'를 표방한다. 그는 이집트, 영국, 오스트레일리아, 마카오, 홍콩과 베트남 등 여러 나라를 여행하면서 얻은 경험을 바탕으로, 각지의 요리를 융합하여 새로운 스타일을 창조했다. 현지의 특색 있는 음식문화를

창의무한

創意无限@YOUNIK

- P88B1
- 지하철역에서 도보10분
- 上海中山東一路18號(外灘18號)2樓
- (021)6323-8688
- 10:00~22:00

이 매장은 중국의 젊은 디자이너들의 작품을 전문적으로 판매하고 있다. 이곳의 제품들은 중국에서 가장 인기 있는 젊은 디자이너들이 디자인한 것이다. 의류, 액세서리, 소품, 가죽제품, 가구장식과 소형가구 등 모두 개성이 뛰어나다.

유지하면서 절묘하게 색다른 맛을 내도록 하여 동서양의 특별한 퓨전 요리를 만들어냈다.

맛있는 요리 외에도 이곳에는 포도주와 시가를 즐기는 손님들을 위해 신선한 해산물 바와 Vault Bar를 마련하고 있다. 개방식 공간의 초콜릿 룸도 손님들을 기다리고 있다.

뉴 하이츠 & 더 큐폴라
New Heights & The Cupola

- P88B1
- 지하철역에서 도보 약10~15분
- 上海中山東一路3號(外灘3號)7樓
- (021)6321-0909
- 11:00~14:30, 17:30~22:30,
  10:00~01:00,
  주말 10:00~16:00,
  17:00~23:00
- 일인당 평균 300~400위안,
  음료수 55위안부터

이곳은 외탄 3호에서 가장 인기 있는 식당이다. 가장 높은 층에 위치해 있으며 내부는 노란색의 천장과 파란색의 마루에 아메리칸 스타일의 테이블과 의자가 어우러져 세련된 분위기를 연출한다. 전망 좋고 편안한 분위기에 가격도 저렴하고 24시간 영업이므로 언제든 방문하여 차를 마시고 식사를 할 수 있다.

특히 저녁이 되면 이곳의 야외 식당은 손님들로 가득하다. 역사가 유구한 식당 건물 옥상에서 화려한 야경을 감상하며 식사를 할 수 있기 때문이다.

　간단한 식사와 차 외에 제대로 된 요리를 맛보고 싶다면 이곳의 대표적인 전채 요리 'Three of Seafood'를 주문해보자. 참치, 가리비, 새우로 맛을 내어 상큼하면서도 감칠맛이 그만이다.

　건물의 꼭대기에 위치한 The Cupola도 인기가 많다. 강을 내려다보고 있는 이 고딕식 종탑은 외탄 3호의 교묘한 설계에 따라 상하 2층의 룸으로 바뀌었는데, 1층에는 6~8인이 앉을 수 있고, 2층은 두 사람만이 앉을 수 있는 은밀한 공간으로 여인들에게 인기가 높다.

아치형의 천장 아래든, 빨간색 소파에 누워있든 흔들의자에 앉아 외탄의 야경을 즐기든, 세심한 개인 서비스를 받을 수 있다. 이런 치밀한 서비스 덕택에 이곳은 상해 사람들에게 가장 로맨틱한 곳으로 인정받고 있다.

시빌라 부티크 카페
Sibilla Boutique Cafe

- ⚐ P88B1
- ⚐ 지하철역에서 도보10분
- ⚐ 上海中山東一路18號(外灘18號)1樓
- ☎ (021)6329-9338
- ⚐ 10:00~22:00

　돈 있는 사람들만 외탄에서 즐길 수 있다고 생각하면 큰 오산이다.

외탄의 Sibilla Boutique Cafe에 가면 합리적인 가격으로 편안한 분위기에서 이탈리아 원두커피와 밀라노 파니니, 이탈리아의 술과 빠띠시에가 직접 만든 초콜릿과 디저트를 맛볼 수 있다.

장 조지(프랑스 레스토랑)

Jean Georges

- P88B1
- 지하철역에서 도보 약10～15분
- 上海中山東一路3號(外灘3號)4樓
- (021)6321-7733
- 식당 11:30～14:30, 18:00～23:00, 바 11:30～1:00
- 일인당 평균 600위안

이곳은 주방장 Jean Georges Vangerichten이 뉴욕 이외의 지역에 자신의 이름을 걸고 오픈한 유일한 식당이자, 상해 최초로 세계적인 유명 요리사를 간판으로 내세운 식당이다.

Jean Georges는 외탄 3호의 4층에 위치하고 있다. 실내 인테리어는 프랑스의 로맨틱한 분위기로 조성되어 있다. 흰색의 테이블 커버에는 Jean Georges의 이니셜인 JG라고 박힌 냅킨이 깔려있는 등 작은 것까지 신경 쓴 흔적이 엿보인다. 이 식당에서 가장 좋은 점은 외탄의 아름다운 경치를 가까이서 한눈에 볼 수 있다는 점이다.

바 루즈

Bar Rouge

- P88B1
- 지하철역에서 도보10분
- 上海中山東一路18號(外灘18號)7樓
- (021)6339-1199
- 월~금 18:00~2:00
  토~일 11:00~2:00
- 음료수 60위안부터

Bar Rouge는 상해에서 가장 고급스러운 칵테일 바라고 할 수 있다. 이 바는 외탄 18호의 7층에 위치해 있다. 프랑스 출신의 총 지배인 NicolasPerez는 유럽에서 가장 좋은 클럽 중의 하나인 La Dune의 경영자이기도 하다. Bar Rouge를 인테리어한 디자이너도 프랑스인이다. 그는 이곳에 프렌치 스타일의 로맨틱함을 더했다.

바의 내부에 놓여진 푹신한 소파, 화려한 전등장식까지 모두가 빨간색이다. 이는 빨간색이라는 뜻의 불어인 'Rouge'라는 이름과 매우 잘 어울리는 공간연출이다. 이곳에서 유일하게 무채색인 것은 벽에 걸려있는 중국미녀도인데, 그마저도 입술은 빨갛게 물들어 있어 오히려 전체적인 분위기와 대비되며 강렬한 느낌을 전해주고 있다.

Bar Rouge는 실내와 베란다의 두 부분으로 나뉘어져 있다. 소파와 룸으로 둘러있는 카운터에서는 프랑스의 정상급 바텐더가 현란한 동작으로 칵테일을 만들어 준다. DJ는 현장에서 신나는 음악으로 바의 분위기를 절정으로 이끈다. 이 모든 것들로 인해 Bar Rouge는 상해의 유명 잡지 〈That's Shanghai〉에서 가장 뛰어난 바로 뽑혔다.

베란다는 강가의 야경을 감상하기 가장 좋은 곳으로, 동방명주의 불빛으로 더욱 빛이 난다. Bar Rouge에서 하루 저녁을 보내면, 상해가 더욱 좋아질 것이다.

탄외루

灘外樓

- P88B1
- 지하철역에서 도보10분
- 上海市中山東一路18號(外灘18號)3樓
- (021)6339-1188
- 11:00~14:30, 18:00~22:30
- 런치세트 220위안부터, 저녁 식사 480위안부터

정상급 홍콩요리의 대명사인 탄외루는 상해의 미식문화를 전혀 다른 방향으로 이끌어가고 있다. 전 세계 각국의 5성급 호텔에서 근무한 경험이 있고 과거에는 샹그릴라 호텔의 행정총주방장을 책임지던 홍콩 출신의 도지해(陶志海)가 현재 이곳의 총주방장을 맡고 있다. 그가 직접 발명한 홍콩요리는 사람을 유혹하는 맛과 향으로 광동요리 고유의 담백하고 부드러우며 살살 녹는 맛을 살려 대만과 태국 등지의 요리특징을 더해 새로운 맛을 창출해냈다. 그의 요리들은 눈과 입을 동시에 만족시키며 명성을 쌓아가고 있다. 그중 '핑궈어깐쥐엔'은 백포도주와 버터로 볶은 사과와 살짝 구운 거위 간을 기름으로 튀긴 만두피로 말아서 이 집만의 소

스를 찍어 먹는데 새콤달콤한 맛이 일품이다. 또 이곳의 독립적인 일식요리구역에서는 신선한 일식요리도 즐길 수 있다.

탄외루의 공간디자인과 음식은

파비만두(바비만두)

巴比饅頭

- P88A1
- 지하철역에서 도보5분
- 上海市西江中路261號
- (021)6329-7860
- 6:00~17:30
- 고기만두 0.7위안

상해 골목에 위치한 이곳은 요즘 가장 인기 있는 만두집이다. 중국의 '만두'는 우리나라의 만두와는 달리 찐빵과 비슷한 것이 특징이다. 우리나라에서 말하는 만두는 중국에서는 '쟈오즈'라고 한다. 이곳에는 의자와 테이블도 없고 오래

식당

사람들의 입에 두고두고 회자되는 화젯거리이다. 이탈리아에서 초빙된 디자이너 Filippo Gabbiani는 붉은 빛을 띤 갈색마루에 청나라 시대 황제의 모자에서 영감을 얻은 전등으로 천장을 장식했다. 중국과 서양의 미를 절묘하게 조합하여 우아하고 현대적인 분위기를 연출했다.

줄을 서야만 겨우 맛볼 수 있지만, 이곳 만두를 먹고 싶어 하는 사람들의 발길은 끊이지 않는다.

이곳이 인기를 끌게 된 것은 전통적인 거리 음식점의 이미지를 탈피했기 때문이다. 모든 직원들은 깨끗하고 청결한 제복을 입고 마스크를 쓰고 있으며, 그 자리에서 직접 만들어 포장해주므로 위생적인 면에서 안심할 수 있다. 이밖에 재료가 신선하고 속이 꽉 차있어 사람들의 입소문을 타고 널리 퍼지게 되었다. 만두 안에 재료와 육즙이 가득하므로 먹을 때 육즙이 뿜어져 나가지 않도록 주의해야 한다.

기본적인 고기만두 외에도 야채만두, 그리고 이곳만의 특별 메뉴인 찹쌀 샤오마이, 단팥빵, 고기전병, 매운맛 찐빵 등으로 현대인의 까다로운 입맛을 만족시키고 있다.

센스 & 번드
Sens & Bund

- P88B1
- 지하철역에서 도보10분
- 上海市中山東一路18號(外灘18號)6樓
- (021)6323-9898
- (점심)11:30~14:30
  (저녁)18:30~22:30
- 런치세트 188위안부터, 저녁식사 480위안부터

프랑스의 '미슐랭 가이드'에서 별

3개를 획득한 이 식당은 젊은 쌍둥이 주방장 Jacques Pourcel과 Laurent Pourcel이 책임지고 있다. 남부 프랑스의 작은 마을에서 태어난 이 형제는 프랑스 요리에 다양한 색채를 더하였다. 햇빛이 풍부한 남부 프랑스는 향료와 식재료가 다양하고 스페인과 이탈리아와 인접해있어 요리의 색은 물론이고 맛과 향에서 지중해의 이국적인 분위기를 느낄 수 있다. 순수한 프랑스식 요리보다 이국적인 프랑스 요리

올드 재즈 밴드
Old Jazz Band

- P88B1
- 지하철역에서 도보10분
- 上海市南京東路20號
- (021)6321-6888 내선6210
- 20:00~2:00
- 입장권 50위안, 예약 80위안, 음료수별도

1996년, 미국의 잡지 〈Newsweek〉에서 전 세계에서 가장 유명한 재즈 바로 선정된 곳이다. 여기에는 그럴 만한 이유가 있다.

평균 나이 70세가 넘는 여섯 명의 전속 연주자들은 매일 30~40년대에 상해에서 유행했던 재즈 음악들을 연주하며 옛 시절을 재현하고 있다. 현지인이든 관광객이든,

이곳에 앉아서 옛날 재즈 음악을 듣고 있노라면 자신도 모르게 어느새 과거 상해의 화려했던 분위기에 빠져들곤 한다.

포마드를 발라 단정하게 넘긴 머리카락, 복고풍의 양복을 입은 온화한 표정의 나이 든 연주자들은 관광객들에게 인기가 많다.

연주자들의 음악을 제대로 즐기고 싶다면 대부분의 관광객이 빠져나간 밤 11시 즈음이 가장 좋다. 꽃무늬가 조각된 나무로 된 긴 바와 영국 컨트리풍의 인테리어로 꾸며진 공간에서 잔잔한 재즈 선율을 듣고 있노라면 영국의 작은 마을의 바에 앉아있는 기분이 든다. 밤늦게까지 남아있는 사람들은 진정으로 재즈를 감상하기 위해 온 손님이라고 봐도 좋다.

로 더욱 유명하다.

Pourcel 형제는 다양한 식재료를 활용하여 풍성한 요리를 만들어낸다. 뜨겁든 차갑든, 부드럽든 딱딱하든, 모든 재료는 형제의 손에서 조화되어 맛있는 요리로 재탄생한다. 뿐만 아니라 이곳의 요리는 색과 구성면에서도 모두 열정과 창의성이 녹아있는 것을 엿볼 수 있는데, 테이블 위에 놓인 요리를 보면 마치 한 폭의 아름다운 수채화를 감상하는 것 같다.

일반적인 프랑스 식당과 달리 이곳의 인테리어는 우아하면서도 화려하고, 로맨틱하면서도 엄숙하다. 프랑스의 인테리어 디자이너 Imaad Rahmouni는 손님들이 편안하고 친근한 분위기에서 식사를 할 수 있도록 배려했다.

이곳은 중국에서 처음으로 전 세계적으로 유명한 민간협회 Relais & Chateaux의 회원으로 가입한 유일한 식당이다.

황포회

黄浦會

🛫 P88B1
🚇 지하철역에서 도보 약10∼15분
🏠 上海中山東一路3號(外灘3號)
📞 (021)6321-3737
🕐 (점심)11:30∼14:30
　　(저녁)17:30∼22:00
💲 일인당 평균 500위안

　황포회의 화려하고 사치스러운 샹들리에는 옛 상해의 모습을 재현하는 듯하다. 소파, 병풍, 흔들의자 등 곳곳의 가구들도 옛날 분위기를 연출한다. 하지만 빨간색과 푸른색을 대담하게 사용하여 전체적인 공간은 시공을 초월하고 있다. 동서양의 아름다움이 융합되어 공간적 분위기를 한층 업그레이드하고 있는데, 이 모든 것은 홍콩 출신의 디자이너 진유견(陳幼堅)의 아이디어이다.

　황포회의 총주방장 양자경(梁子庚)은 싱가폴의 Fore Season Hotel에서 총주방장을 역임한 바 있으며, 전 세계에서 4번째로 5성급 호텔 요리 국제 대상을 받은 최초의 중국인이다. 그의 지도하에 황포회는 현대적 조리 기법을 이용하여 새로운 상해 음식을 창조하고 있다. 그리고 전채와 탕, 주식과 디저트까지 하나하나 순서대로 내놓기 때문에 중국 요리도 이렇게 세밀하고 우아하다는 것을 새삼 깨닫게 될 것이다.

엠 온 더 번드
M on the Bund

- P88B1
- 지하철역에서 도보 약10~15분
- 上海市廣東路20號7樓
- (021)6350-9988
- 〈평일〉(점심)11:30~14:30(저녁)18:00~새벽
  〈주말〉(점심) 11:30~15:00
- 일인당 평균 100위안

M on the Bund는 광동로에 위치해 있지만 옆에 바로 외탄 5호가 있어 사람들은 습관적으로 '외탄 5호'라고 부르기도 한다.

1999년에 문을 연 이곳은 줄곧 상해를 대표하는 레스토랑의 위치를 지켜왔으며 미국의 유명한 여행 잡지 〈Conde Nast Traveler〉에서 전세계 50대 뛰어난 레스토랑으로 선정되기도 했다. 호주 국적의 요식업계의 거성인 Michelle Garnaut는 이곳의 사장인 동시에 홍콩 사교계에서 인기 있는 M at the Fringe의 사장이기도 하다. M on the Bund에서는 일류수준의 요리를 제공하며 분위기도 매우 고급스러워서 국제 수준의 레스토랑이라는 빛나는 영예를 얻었다.

이곳의 요리에서는 지중해의 맛을 느낄 수 있다. 창의적이고 다양한 메뉴들은 음식을 고르는 사람들에게 놀라움과 기쁨을 선사해준다. 현지의 신선한 야채와 향신료 외에 외국에서 들여온 최고급 해산물과 육류를 사용하므로 안심하고 먹을 수 있다.

또 손님들에게 더욱 많은 공간을 제공하기 위해 바와 연회장소로 사용되는 The Glamour Room을 증설하였다. 투명한 구슬장식과 오리엔탈풍의 전등, 소파에서 복고적인 느낌이 물씬 배어 나온다. 마치 1930년대의 할리우드 영화의 장면처럼 현실적이면서도 비현실적인 미묘한 느낌을 준다.

노정흥 식당

老正興菜館

- P88A1
- 지하철역에서 도보 약10~15분
- 上海市福州路556號
- (021)6322-2624
- (점심)11:00~14:00
  (저녁)17:00~21:00

  역사적 기록에 따르면.노정흥 식당은 상해에서 가장 오래된 식당이다. 1908년에 문을 연 이 식당의 원래 이름은 정원관(正源館)이며, 창립자 하연발(夏連發)의 아들 하순경(夏順慶)이 그 뒤를 이어받았다. 무석(無錫)지방의 요리를 주로 제공하며 1920년대에 들어서서는 '노정흥 식당'으로 이름을 바꾸었다. 1940년대에는 남경에 1호 체인점 '설원 노정흥 식당(雪園老正興菜館)'을 오픈하였다. 노정흥이 상해에서 얼마나 인기 있었는지 지금은 상상하기 어렵지만, 어쨌거나 중국인들이 사는 곳이라면 '노정흥'이라

는 이름을 가진 식당이 반
드시 있다고 한다.

　노정흥이 유명해진
것은 상해의 본토요리
와 관련이 있다. 예전
에 상해의 본토 요리를
먹는 사람들은 주로 노동
계급의 하층민이었다. 그들은
하루 종일 일하느라 땀을 많이 흘
리기 때문에 먹는 음식 또한 기름
이 많고 맛이 강한 경향이 있었다.
지금은 여러 요리들이 들어와 상해
요리의 맛이 약간 변했지만, 노정
흥에서는 변하지 않은 정통 상해의
맛을 경험해볼 수 있다. '칭위샤바
화슈이', '차오터우쥐엔즈', '여우빠

오샤' 등은 이곳의 대표적인 간판
요리이다.

　이밖에 이곳에 오면 '샤즈따냐오
썬'을 꼭 먹어봐야 한다. 말린 새우
와 육수를 함께 버무려 삶은 다음
참기름을 뿌린 것으로, 육질이 부
드럽고 입안에 넣으면 사르르 녹는
것이 별미이다. 가격은 600g에 138
위안이다.

　상해는 황포 강과 소주강의 교차
지점에 있는데다가 바다와 접해있
어 해산물, 특히 새우와 꽃게 요리
가 많이 발달되어 있다. 그중에서
'여우빠오샤(116위안)'는 간단해 보
여도 불의 세기를 잘 조절해야 새
우가 붉은색을 띠고 바삭하며 부드
러우면서 짠맛 속에 달콤한 맛을
낼 수 있다. '차오터
우취엔즈
(58위
안)'는
돼지의
직장을
토막으로 썰
어 기름에 볶은 다음 여린 완두 잎
위에 놓은 것으로, 느끼할 것 같으
면서도 느끼하지 않고 담백하고 부
드러운 것이 특징이다. '쨩팡(32위
안)'은 중국 강남지역에서 가장 흔
한 돼지고기 요리로 고기가 부드러
워질 때까지 삶은 후 칼집을 내어
육수, 설탕, 소금 등을 넣고 찜통에
넣고 쪄서 만든 요리이다. 돼지고
기 특유의 비린내가 없을뿐더러 고
소한 맛이 일품이다.

12호 커피숍

12號加批館

- P88B1
- 지하철역에서 도보 약10~15분
- 上海市中山東一路12號(外灘12號)2樓226號
- (021)6329-5896
- 8:00~19:00
- 커피 20위안부터

외탄 12호의 경비는 매우 삼엄하지만 당당하게 12호 커피숍에 간다고 말하면 아무도 제지하지 않는다. 건물에 들어서자마자 유럽식의 고풍스러운 엘리베이터가 눈에 띈다. 2층에 내려서 작은 방으로 가득한 복도를 마주하면 마치 미로에 들어온 느낌이지만 '12호 커피숍'의 간판이 사람들이 길을 잃지 않도록 도와준다.

12호 커피숍은 사무실로 가득한 226호에 위치해 있어 절대 아름답거나 낭만적인 상상을 할 수 없을 것 같지만 다행히도 커다란 베란다가 있다. 그리고 사방의 고풍스러운 벽을 바라보면 순간 18세기 유럽에 온 것 같은 느낌이 든다. 이곳에서 계속 있다 보면 심지어 시간이 멈춘 것 같은 생각이 들기도 한다. 그러다가 매 시각을 알리는 세관 빌딩의 종소리가 들려오면 꿈에

H 숙박

화평 호텔

和平飯店

- P88B1
- 지하철역에서 도보10분
- 上海市南京東路20號
- (021)6321-6888   (021)6329-0300   780위안부터
- www.shanghaipeacehotel.com
- @ sales@hanghaipeacehotel.com

화평 호텔은 1929년에 지어졌으며 원래 이름은 '화무 호텔(華懋飯店)'이다. 총 12층의 고풍스러운 호텔로, 과거 상해에서 가장 유명한 호텔이었으며 수많은 유명 인사들이 이곳을 다녀갔다.

지금의 화평 호텔은 새로 건축한 호텔에 비해 시설 등 여러 면에서 많이 뒤쳐지지만, 쾌적한 환경과 편안한 숙박환경으로 인해 여전히 손님들에게 인기가 좋다. 게다가 오래된 세월의 흔적은 다른 호텔에서 찾아 볼 수 없는 고전적인 분위기를 자아낸다. 이곳에서 하루를 묵어보면 옛 상해의 모습을 찾아볼 수 있어 매우 흥미롭다. 특히 이 호텔은 상해에서 가장 번화한 남경동로와 외탄에 위치해 있어 교통도 매우 편리하다.

100년 역사라는 호텔의 명성 외에도 이 호텔에서 빼놓을 수 없는 것이 바로 재즈음악과 6층에 위치한 빅토리아 옥상 화원이다. 옥상화원에서 황포 강의 아름다운 경치를 감상하는 것도 또 하나의 즐거움이라고 할 수 있다.

서 깨어나듯 현실속의 번화한 상해
로 돌아오게 된다.

  이 커피숍의 이름은 원래 보로미
르 커피숍이었지만 2005년, 건물
의 경영 관리팀이 이곳을 직접 운
영하게 되면서 12호 커피숍으로 개
명을 했다. 새롭게 단장한 커피숍
은 행운의 상징인 물고기머리 의자
와 골동 테이블로 손님들의 이목을
끈다. 하지만 원래 있던 벽난로, 벽
면 램프, 12호 건물의 로고 등은 여
전히 그대로 남아있다.

  이곳은 커피와 더불어 아침식사
와 음료수, 술, 디저트도 제공한다.

신성 호텔 新城飯店

- P88A1
- 上海市江西中路180號
- (021)6321-3030
- (021)6329-8622
- 790$부터
- www.metropolehotel-sh.com/
  l.htm

남경 호텔 南京飯店

- P88A1
- 上海市山西南路200號
- (021)6322-2888
- (021)6351-6520
- 396위안부터
- nanjinghotel@nj-hotel.com

해륜 호텔 海侖賓館

- P88A1
- 上海市南京東路505號
- (021)6351-5888
- 1,817위안부터

오궁 호텔 奧宮大酒店

- P88A1
- 上海市福州路431號
- (021)6326-0303
- (021)6328-2820
- 400위안부터
- www.sh-wugong.com

웨스틴 호텔 威斯汀大酒店

- P88A1
- 上海市河南中路88號
- (021)6335-1888
- (021)6335-2888
- 2,620위안부터
- www.starwoodhotels.com/
  westin/index.html
- rsvns-shanghai@westin.com

석문일로 역

石門—路站 스먼이루쨘

 명소

소양

小楊 (성지엔빠오 전문점)

- P41A1
- 지하철역에서 도보5분
- 上海市吳江路54號, 60號
- (021)6267-6025
- 6:00~24:00
- 4개에 3위안

만약 상해 사람에게 어떤 간이음식점의 주전부리가 맛있냐고 물어보면 열 명 중에 아홉 명은 틀림없이 이곳을 추천할 것이다. 이곳은 오강로(吳江路)의 먹자골목에서 장사가 가장 잘되는 가게 중 하나이다. 이미 2개의 체인점이 있지만 손님들이 끊이지 않는다. 손님들은 가게의 허름한 내부 인테리어에 대해 불만을 품지 않을 뿐만 아니라 긴 줄을 서는 것조차도 마다하지 않고 이곳을 찾아온다.

개업 초기에는 손님들의 각광을 받지 못했지만 많은 시도와 연구 끝에 결국 여러 사람들의 입맛에 맞는 '성지엔빠오'를 개발해냈다.

6년이 지난 지금 또 하나의 체인

왕가사

王家沙

- P41A1
- 지하철역에서 도보10분
- 上海市南京西路805號
- (021)6253-0404
- 1층 7:00~21:00, 2층과 3층 11:00~21:00

이곳은 이미 70여 년의 역사를 가지고 있다. 사장은 처음에 이곳을 '왕가고(王家庫)'라고 불렀지만 '고(庫)'라는 글자가 극히 드물게 사용되므로 '왕가사'라고 바꾸었다. 전통적인 상해의 딤섬(點心의 광동어 발음. 식사시간 사이에 허기를 달래기 위한 주전부리, 각양각색의 작은 만두를 비롯하여 그 종류가 매우 다양하다.)을 위주로 제공하면서 점차 상해 사람이 인정하는 간

점을 오픈하고 다른 지역에서도 두 개의 체인점을 오픈하였다. 하지만 사장은 여전히 매일 아침 남편과 함께 새벽 4시에 일어나서 시장에 나가 만두소 재료를 사는 것부터 시작하여 만드는 전 과정을 단 하루도 빠짐없이 직접 하고 있다. 이러한 노력과 정성이 결국 손님들의 입맛을 사로잡은 것이다.

겉은 바삭하고 고소하며 깔끔하고 담백한 맛의 고기소는 입 안에서 녹아들 듯 부드럽다. 상해의 별미를 맛보고 싶다면 이곳에 가보자.

이음식점으로 거듭났다. 후에 국가의 구매경영정책에 따라 상해와 홍콩에 모두 8개의 체인점을 오픈하여 지금의 왕가사는 국가에서 경영하는 상해 원조 딤섬전문점이라고 할 수 있다.

남경서로에 위치한 왕가사 본점은 4층짜리 건물이다. 1층에서는 국수, 찐빵, 전병, 우육탕 같은 각종 딤섬을 제공하고, 2층과 3층은 중국 특색의 요리를 제공하며 4층은 룸으로 되어있다. 식사환경은 매우 위생적이며 모든 딤섬은 당일 만들어 당일 판매 한다는 원칙을 가지고 있다. 주방은 개방되어 있어 만드는 전 과정을 눈으로 지켜볼 수 있으니 더욱 안심하고 먹을 수 있다. 이곳 딤섬의 맛은 상해에서 최고라고 자부한다. 또 이곳의 요리사들은 어렸을 적부터 요리 실력을 닦아온 수준급의 요리사들이다.

'뤄보쓰쑤빙(1개당 1.8위안)'은 겉은 바삭하고 속에는 당근이 들어있어 고소한 맛이 일품이다. '시에황시에편샤오롱(4개당 1.5위안)'은 크고 신선한 꽃게와 돼지고기를 다져 넣은 만두로 겉은 얇고 소가 꽉 차있다. 특히 '시에구황(1개당 1.8위안)'은 흔히 볼 수 있는 상해 딤섬 중 하나지만 고소하고 바삭하여 따뜻할 때 먹으면 으뜸이다. 달콤한 맛과 짭짤한 맛이 있다.

매룡진

梅龍鎭

🔺 P41A1

🚇 지하철역에서 도보 약5~10분

🏠 上海市南京西路1081弄22號 (總本店)

☎ (021)6253-5353

🕐 (점심)11:00~14:00
　　(저녁)17:00~22:00

💲 일인당 평균 150~200위안

　몇 년 전 상해에서 〈춘풍득의매룡진(春風得意梅龍鎭)〉이라는 영화의 흥행으로 매룡진은 한동안 상해에서 화제가 되었다. 매룡진은 1938년에 개업한 이래 반세기가 넘는 역사를 가지고 있다. 1942년 남경서로로 이전했을 때 경극 〈유룡희봉(遊龍戲鳳:여우롱시펑)〉에 나온 술집 이름 '매룡진'에서 가게 이름을 따온 것으로, 실제 매(梅)씨네 주방장과는 아무런 관계가 없다. 막 개업했을 당시에는 양주(揚州) 요리를 위주로 판매를 했지만 점차 양주딤섬, 사천요리를 특색으로 내세우게 되었다. 한때는 상해의 유명인사, 예술가, 음악가, 작가들이 모여들었으며 외국인들을 접대하는 중요한 장소로 사용되었다. 중국 전 총리 주은래, 프랑스 전 총리 시라크, 미국 전 대통령 클린턴 등 국가원수들도 이곳에서 귀빈으로 대접을 받았었다.

재즈 37

Jazz 37

🔺 P41A1

🚇 지하철역에서 도보 약5~10분

🏠 上海市威海路500號(四季酒店)37樓 (烏魯木齊南路부근)

☎ (021)6256-8888

🕐 15:00~1:00

㊛ 일요일

💲 음료수 50위안부터

　마티니와 사람을 편안하게 하는 재즈 음악, 그리고 프랑스 조계지의 아름다운 야경이 바로 21세기 상해 스타일의 재즈 바이다.

　이곳에서는 매일 밤 라이브 재즈 공연이 열린다. 푸른 조명과 노란색의 바 테이블, 예술적인 그림이 어우러진 우아한 분위기 속에서 마치 드라마나 영화의 주인공인 것처럼 마티니를 한 잔 마셔보자. 분명 여행의 아름다운 기억으로 남을 것이다.

　　매룡진은 이미 수많은 체인점을 소유하고 있다. 본점은 남경서로에 있으며 주로 사천요리를 위주로 한다. 매룡진의 본점은 초대형 중국 전통 술집처럼 꾸며져 있어 마치 영화 세트장에 온 것 같은 느낌이 든다. 대문을 지키고 있는 커다란 돌사자에서부터 로비의 전등장식까지 모두 중국의 전통미를 간직하고 있다. 이런 이유 때문인지 상해 사람은 명절 때마다 이곳에서 가족 모임을 가진다.

　　'깐사오따밍샤'는 매룡진의 내로라하는 대표 요리로 많은 사람들이 즐겨 먹는다. 자연산 새우를 사용하여 육질이 풍부하고 담백하며 인공조미료나 소금 대신 마늘로 향을 내어 약간 매콤하다. 기름에 튀겨내어 바삭하며 새우 머리에서 빨간색의 육수가 흘러나오는 것이 특징이다. 새우살은 매우 탄력있으며 손쉽게 껍질을 제거할 수 있다.

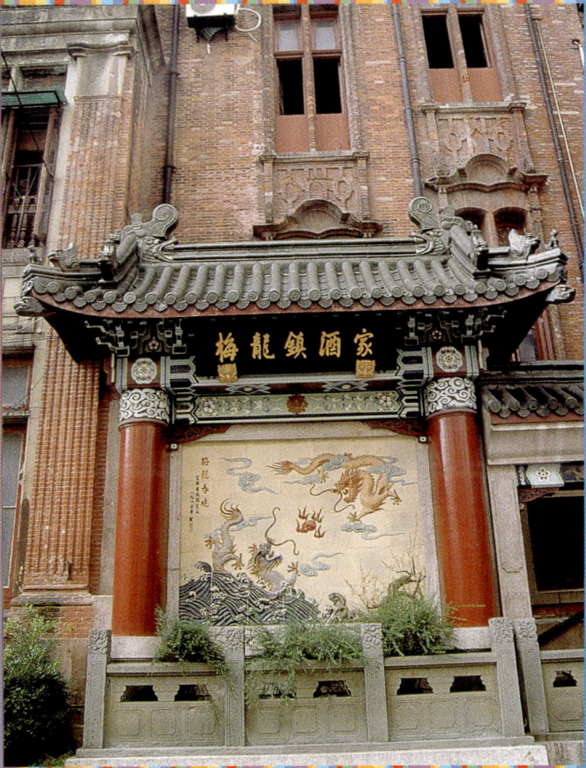

포시즌 호텔 四季酒店

Four Seasons Hotel, Shanghai

- P41A1
- 지하철역에서 도보 약5~10분
- 上海市威海路500號
- (021)6256-8888
- (021)6256-5678
- 3,300위안부터
- www.fourseasons.com

　국제적 특급호텔이라는 명성에 어울리는 우아한 인테리어, 최상의 서비스 등 포시즌 호텔에서는 차별화된 서비스를 직접 느낄 수 있다. 중심가에 위치한 최상의 지리적 환경은 이곳의 장점 중 하나이다. 시내의 위해로(威海路)에 위치하며 도보 5분이면 남경로(南京路)에, 10분이면 회해로(淮海路)에 갈 수 있으므로 단기간 상해에 체류하는 사람에게는 이곳이 적합하다. 아늑한 느낌의 노란색은 호텔의 주된 색으로 따뜻하고 우아한 분위기를 느끼게 한다. 객실의 인테리어는 각각 특징을 가지고 있으며 30층에서 34층까지는 VIP 룸으로 실내에서 상해의 야경을 즐길 수 있다. 또 개인의 필요에 따라 1~3인실용을 사용할 수도 있다. 나머지 일반 객실은 2인용 침대와 3대의 전화기, 수십 개의 국내외 TV채널과 초고속 인터넷 등의 편의시설을 갖추고 있다.

　또 모든 고객들을 위해 24시간 맞춤서비스를 제공하고 있다. 전화 한 통이면 드라이클리닝, 객실 서비스, 비즈니스 서비스 등을 받을 수 있다.

금창문화 호텔 錦滄文華大酒店

- P41A1
- 上海市南京西路1225號
- (021)6279-1888
- (021)6279-1822
- $159부터
- www.jcmandarin.com/index_ch.htm
- mandarin.sjm@meritus-hotels.com

해항 호텔 海港賓館

- P41A1
- 上海市泰興路89號
- (021)6255-3553
- 368위안부터

태평양 국제 호텔 太平洋國際大酒店

- P41A1
- 上海市陝西北路288號
- (021)3218-4555
- (021)3218-4556
- 1,536위안
- www.grandpacifichotel.com.cn
- reservation@grandpacifichotel.com.cn

정안사

靜安寺站 정안스쩐

◉ 명소

정안사

靜安寺

- P40B1
- 지하철역에서 나오면 바로
- (021)6256-6366
- 7:30～15:45
- 입장료10위안

이 사찰은 삼국시대에 지어진, 상해에서 가장 오래된 사찰로 원래는 중국 오송강(吳松江) 북쪽에 위치해 있었다가 남송 때 현재의 장소로 옮겨졌다. 근대의 태평천국 운동과 문화대혁명 기간에 완전히 파괴되었다가 전면적인 복원작업을 거쳐 과거의 모습을 되찾을 수 있었다.

정안사의 대문 앞에는 '천하지육천(天下地六泉)'의 유적이 있다. 이곳에서 솟아난 샘물은 수질이 뛰어나서 매우 유명했다고 한다. 남경서로의 골목 이름은 이 우물 이름을 따서 'Bubbling Well Road(기포 우물의 길)'라고 불렸는데, 안타깝게도 2차 상해사변 도중 폭격으로 사라지고 말았다.

이곳에는 자리를 펴놓고 점을 보는 사람들이 즐비하다. 점쟁이들이 마구잡이로 손님을 끌어당기므로 만약 점에 관심이 없다면 괜히 사찰 앞에 서있지 말자.

정안공원

靜安公園

- P40B1
- 지하철역에서 도보3분

이곳은 예전에 외국인 묘지로, 중국 최초의 화장터가 있었다고 한다. 후에 묘지가 옮겨지면서 공원으로 거듭났다. 이 작은 공원에는 인공 산, 흐르는 물, 연못이 있어 아기자기한 풍경을 감상할 수 있다. 도심 안에서 잠시 숨을 돌릴 수

있는 휴식 공간으로 사람들에게 사랑받고 있다.

쇼핑

항륭 광장
恒隆廣場

- P41A1
- 지하철역에서 도보10분
- 上海市南京西路1266號
- (021)3210-4566
- (021)6279-0887
- 10:00~22:00

상해의 수많은 쇼핑센터 중에서도 항륭 광장은 가히 최고라고 말할 수 있다. 최고급, 최정상의 브랜드를 찾는다면 이곳을 찾는 것이 가장 좋은 선택이다.

2001년 오픈한 항륭 광장은 포서 지역에서 가장 높은 건물이다. 뛰어난 감각으로 지어진 현대적인 건물은 눈길을 사로잡기에 충분하다. 이곳에서 쇼핑을 하면 자신도 모르게 고급스러워지는 느낌을 받게 될 것이다.

현재 항륭 광장에는 세계적으로 유명한 브랜드들이 입점해 있다. 루이비통, 까르티에, 에스카다, 프라다, 휴고 보스(맨), 던힐, 베르사체 등 어떤 브랜드는 중국의 유일한 매장을 이곳에 개설하기도 하였다. 이밖에 처음으로 상해에 진출한 샤넬, 에르메스, 크리스챤 디올 등도 이곳에 입주해 있어 상해 최고의 고급 백화점이라고 할 수 있다.

루이비통

루이비통의 섬세한 바느질과 질감은 사람들의 감탄을 자아낸다. 세계 최정상급의 브랜드로 2004년에 상해의 항륭 광장에 첫 매장을 오픈하였다.

매장은 총 2층으로 되어 있다. 1층에서는 여성 핸드백, 남성 정장, 남성 신발, 시계, 가구, 선글라스 등을 판매하고 1층과 2층 사이에는 화려한 장식의 액세서리들이 진열되어 있어 사람들의 눈길을 끈다. 2층에서는 여성 핸드백, 여성 신발, 여성 의류 등을 볼 수 있고 VIP ROOM도 마련되어 있어 쇼핑에 지친 고객들이 휴식을 취할 수 있도록 배려하였다.

이곳의 제품은 다른 아시아 태평양 지역과 동일하다. 비록 가격은 홍콩이나 대만보다 조금 비싸긴 하지만 그곳에 없는 신상품을 상해의 루이비통에서는 만나볼 수 있다. 직원 또한 매우 친절하므로 그냥 구경만 해보고 가는 것도 무방하다.

크리스챤 디올

1946년에 창립된 프랑스 브랜드 크리스챤 디올(약칭 CD)은 여성 고급 브랜드의 대명사로 자리 잡고 있다. 과감하지 않으면서 우아한 자태를 뽐낼 수 있는 디자인은 여성의 아름다움을 그대로 표현해준

다. 크리스챤 디올의 남성의류 및 향수, 화장품, 속옷, 액세서리 등도 많은 사람들의 사랑을 받고 있다. 디올의 남성의류는 2001년에 디올 옴므(DIOR HOMME)로 이름을 바꾸어 마찬가지로 우아함을 강조했다. 항룡 광장의 크리스챤 디올은 상해에서 유일한 매장으로 남성 매장과 여성 매장을 함께 운영하고 있다.

에르메스

원래 고급 마구 용품을 제조하던 에르메스는 1837년에 창립되었다. 지금은 14개의 계열 상품을 보유하고 있다. 가죽제품, 스카프, 남녀 의류, 향수, 골프용품 등 모든 제품은 최고급 소재를 이용하여 손으로 직접 만들기 때문에 명품 마니아들 사이에서 중요한 위치를 차지하고 있다.

1950년대 모로코의 왕비 그레이스 켈리의 이름을 본 딴 켈리 백(Kelly Bag)과 프랑스 여배우 제인 버킨의 이름을 본 딴 버킨 백(Birkin Bag)은 에르메스의 대표적인 상품이다. 이밖에 세밀한 제작 공정을 거친 스카프 또한 많은 여성들의 사랑을 받고 있다.

샤넬

최고급 브랜드를 말한다면 어느 누구도 샤넬을 빠뜨리지 않는다. 샤넬만의 독특한 로고는 의류와 가죽제품, 액세서리 등 어디든지 사용되어 사람들에게 깊은 인상을 남겨주었으며 우아함과 패션의 대명사로 자리 잡게 되었다.

가브리엘 샤넬 여사가 1913년 프랑스 파리에서 창립한 샤넬은 의류, 피혁, 보석에서부터 화장품, 향수에까지 다양한 제품을 출시하여 여성들의 사랑을 받고 있다. 그중 의류와 향수는 가장 유명하다. 중국 내에서 샤넬의 매장은 상해와 북경에만 있다.

구광 백화점

久光百貨

- P40B1
- 지하철역에서 도보 약1~3분
- 上海市南京西路1618號
- (021)3217-4838
- (021)6288-3060
- 10:00~22:00

　항륭 광장이 너무 고급스러워서 부담된다면. 구광백화점에서는 쇼핑의 즐거움을 마음껏 누릴 수 있을 것이다. 태평양 소고백화점(太平洋崇光百貨:일본의 유명백화점)의 자매 백화점인 구광 백화점은 2004년에 개관하였다. 정안사역 옆의 가장 좋은 위치에 자리 잡고 있어 돌아다니다가 쉽게 들어가 구경할 수 있으며 밝고 심플한 인테리어는 일본식 백화점의 섬세함을 그대로 표현하고 있다.

　구광 백화점은 지하 1층과 지상 9층으로 되어 있으며 총 200개의 매장이 입점해 있다. 이곳에 상해 첫 매장을 연 브랜드로는 셀린느, 티파니, 버버리 등이 있다. 다른 쇼핑센터와는 달리 이곳에는 상해에서 보기 힘든 일본 브랜드 매장들도 입점해있어 동서양의 유행추세를 한눈에 살펴볼 수 있다.

장 폴 고티에

　이곳은 상해에서 유일한 장 폴 고티에의 매장이다. 파리패션계에서 인정받는 장 폴 고티에는 어렸을 때부터 디자인과 창작에 천부적 재능을 발휘하였다. 그는 청년시절에 피에르 가르뎅에서 근무하였다가 1976년에 자신만의 작업실을 오픈했다. 개성 있는 디자인으로 유행을 주도하며 현재는 전 세계에서 가장 사랑받는 디자이너의 대열에 합류하였다. 장 폴 고티에의 디

자인 특징은 강약이 뚜렷하고 초현실적이며 화려하고 개성 넘치는 이국적인 분위기를 띠고 있다는 것이다. 특히 그는 여러 나라의 복식 특징을 융합하는 것을 좋아하여 한 벌의 옷에서 동양과 서양, 복고풍과 현대적인 특징을 모두 찾아 볼 수 있다.

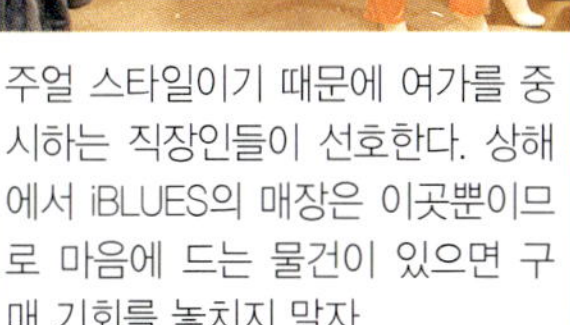

비비안 웨스트우드

영국 런던 출신의 디자이너 비비안 웨스트우드가 직접 디자인한 개인 브랜드로, 펑크스타일의 대명사이다. 대범한 색채와 재단으로 록과 펑크스타일을 표현하며 개성을 추구하는 젊은이들의 많은 사랑을 받아왔다.

구광에 입점한 비비안 웨스트우드는 상해에 단 하나뿐인 전문점이다. 이곳에서는 해당 계절에 새로 출시된 핸드백, 신발과 액세서리들을 찾아볼 수 있다.

폴리폴리

폴리폴리는 1982년 탄생한 그리스의 브랜드로, 원래는 보석 장식 분야에서 시작하여 손목시계, 피혁 등 다양한 분야에까지 영역을 확대했다. 디자인이 우아하고 품질이 우수하며 정교한 세공으로 세계적으로 높은 인지도를 가지고 있으며 특히 유명 인사, 귀족들로부터 사랑을 받고 있다.

폴리폴리의 구광매장은 크지 않지만 계절별로 모든 신상품을 구비하고 있으며 한국보다 약간 저렴한 가격에 구입할 수 있다.

iBLUES

이탈리아의 브랜드인 iBLUES는 원래 막스마라 계열의 패션 브랜드였으나 지금은 독립하여 따로 운영되고 있다. iBLUES는 심플한 디자인과 딱 떨어지는 라인을 특색으로 하며 계절마다 새로운 패션을 선보인다. 단순하면서도 개성 있는 캐주얼 스타일이기 때문에 여가를 중시하는 직장인들이 선호한다. 상해에서 iBLUES의 매장은 이곳뿐이므로 마음에 드는 물건이 있으면 구매 기회를 놓치지 말자.

도쿄 스타일

도쿄 스타일도 역시 일본에서 건너온 브랜드이다. 4개의 계열 상표를 가지고 있으며 각각 다른 스타일과 구매타깃이 다르다.

22OCTOBRE는 비교적 젊은 스타일로 20대 중반의 젊은 여성들에게 적합하며 가격도 저렴한 편이다. Aylesbury는 직장인들을 대상으로 한 중저가 전략을 추구하고 있다. Style Me와 BRIGITTE는 주로 30대 중반~40대 중반의 여성들이 주 고객이다. 도쿄 스타일 계열의 옷은 재질과 원단이 뛰어난 것이 특징이다. 일본 도쿄에서 유행하는 이 브랜드를 상해에서는 오직 구광에서만 만나 볼 수 있다.

Rex

홍콩의 패션 멀티숍으로, Rex, Tough, 아디다스, Y3, 리바이스, 퓨마, Paperdenim & doth, Evisn, Fornarine, 리복, 에드윈 등 여러 브랜드를 취급하고 있다.

매장 규모는 작지만 의류에서 핸드백, 액세서리까지 상품이 다양하다. 모두 캐주얼하면서 유행을 추구하는 디자인으로 젊은이들의 많은 사랑을 받고 있다.

Vip 룸
Vip Room

- P40B1
- 지하철역에서 도보10분
- 上海市烏魯木路459號A4(靜安文化館 내)
- (021)6248-8898
- 8:30~3:00
- 음료수 30위안부터

Vip Room은 중국의 톱스타 이아붕(李亞鵬)과 왕비(王菲)가 투자했다고 해서 개업 당시부터 이슈가 되었다. 최고급 브랜드의 런칭쇼나 파티도 이곳에서 열리곤 한다. 자신이 '파티 마니아'라고 생각한다면 이곳에 꼭 들러보자.

Vip Room은 사실 생각보다 조용한 곳에 숨어있다. 상해의 정안문

원창사방요리
原創私房菜

- P40B1
- 지하철역에서 도보10분
- 上海市華山路480號
- (021)6249-9917
- 11:30~14:30, 17:30~21:30

오로목제로(烏魯木齊路)와 화산로(華山路)에 위치한 이곳은 숲속의 아늑한 민가를 연상케 한다. 주인은 의도적으로 식당에 이러한 편안한 분위기를 조성하여 격식을 갖출 필요 없이 편한 친구들 또는 가족들과 함께 식사하고 모임을 가질 수 있도록 하였다.

식당은 총 2층으로 되어 있으며 일반 주택건물을 식당으로 개조했기 때문에 가정의 아늑함이 여전히 남아있다.

화관(靜安文化館) 안에 위치해 있기 때문에 이곳의 존재를 모르고 그냥 지나치는 사람들도 많다. 하지만 저녁이 되면 화려하게 꾸민 젊은이들이 몰려들어 불야성을 이룬다.

바에 들어서면 빨간색 전등으로 장식된 룸들을 지나게 된다. 룸은 개방되어 있지만 시끄러운 음악소리가 잠잠하게 들리기 때문에 대화를 나누거나 잠시 쉬는 장소로 많이 사용된다. 빨간색과 검은색 위주로 인테리어 된 홀에 들어서면 붉은 색의 조명과 종이우산이 신비스러운 분위기를 연출하고 있다. 중앙에는 원형 바와 많은 의자들이 배치되어 있고 한쪽에는 대형 MTV와 무대가 있어서 젊은 남녀들이 한손에 술잔을 들고 음악에 따라 몸을 흔들곤 한다.

매주 토요일~목요일에는 전문 댄서들이 무대에 등장하여 분위기가 최고조에 달한다.

자리에 앉으면 깔끔하게 접혀있는 냅킨과 꽃병에 꽂힌 생화를 통해 주인이 얼마나 세심하게 신경을 쓰는지 알 수 있다.

원칭사빙요리는 현대인의 웰빙 추구에 맞추어 요리에 기름과 소금을 최소한으로 사용하는 동시에 상해요리의 달고 진한 맛을 살렸다.

이곳의 대표적인 '보빙빠오시에 황샤런(168위안)'은 상해의 신선한 해산물을 이용해 담백한 게살과 새우의 맛을 살렸다. '메이꿰이샤런(118위안)'은 새우에 식용 장미를 곁들여 새로운 맛을 낸다. '쏸라시에 황위츠(268위안)'는 주방장이 직접

연구하고 만든 요리로 새콤달콤하면서 약간의 매운맛도 느낄 수 있다. 가격은 비록 비싼 편이지만 먹어볼 만하다.

민트
Mint

- P40B1
- 지하철역에서 도보 약5~10분
- 上海市銅仁路333號2樓
- (021)6247-9666
- 월~목 17:30~2:00
  목~토 21:00~6:00
  ※Happy Hour : 음료수 1+1
  월, 화 18:00~20:00
- 일요일
- 음료수 35위안부터

Mint라는 이름 그대로 사람들에게 톡 쏘는 느낌을 선사하는 Pub이다. 가게 안으로 들어서면 과장된 빨간 조명이 사람들을 맞이한다. 신나는 음악과 함께 분위기에 휩쓸리다보면 자신도 모르는 사이 편안한 모습으로 마음껏 자유로움을 즐기게 된다.

Mint를 찾는 손님들 중 90%는 외국인이다. 키가 크고 늘씬한 외국 미녀들과 근육질의 남자들을 보기 위해 이곳을 찾는 사람들도 있다. DJ Marius가 매일 밤 11시부터 신나는 House Music을 틀어주는데 긴장이 풀린 상태로 절정의 기분을 즐길 수 있다. 매주 목요일 밤 9시부터는 쿠바에서 온 Yinma Bobby Dickeeson이 직접 손님들에게 살사 댄스를 가르쳐주며 클럽의 뜨거운 열기를 고조시킨다.

H 숙박

리츠칼튼 호텔 波特曼麗嘉酒店

- P40B1
- 上海市南京西路1376號
- (021)6279-8888
- (021)6279-8800
- www.ritzcarlton.com/hotels/shanghai

연안 호텔 延安飯店

- P40B2
- 上海市延安中路1111號
- (021)6248-1111
- (021)6247-7149
- 360위안부터

정안 힐튼 호텔 靜安希爾頓飯店

- P40B1
- 上海市華山路250號
- (021)6248-0000
- $270부터
- www.hilton.com

리츠칼튼 바

Ritz-Carlton Bar

P40B1

지하철역에서 도보 약5~10분

미국의 정통 재즈음악을 감상할 수 있는 곳으로 유명한 리츠칼튼 바는 상해에서 가장 많은 종류의 시가와 술을 보유한 곳이라고 알려져 있다. 뿐만 아니라 두꺼운 유리로 둘러싸인 내부에 반짝이는 불빛 장식의 인테리어로 사람들의 시선을 사로잡고 있다.

리츠칼튼 바에서는 세계적인 수준의 재즈연주 팀과 가수들을 2~3개월마다 초청하여 매일 수준 높은 공연을 감상할 수 있다. 이것은 바의 책임자인 Danny Woody의 아이디어로, 그는 과거에 할리우드에서 수년간 밴드 활동과 가수를 겸하며 작곡활동을 했었다. 또한 유명한 공연단과 함께 협연하여 녹음하기도 한 대단한 실력자이다. 리츠칼튼 바에 앉아 Basa Nova에서부터 Acid Jazz까지 감상하며 술을 한 잔 하는 것보다 더 좋은 즐거움은 없을 것이다.

정안 호텔 靜安賓館

P40B2

上海市華山路370號

(021)6248-1888

(021)6248-2657

530위안부터

국제귀도 호텔 國際貴都大酒店

P40B1

上海市延安路65號

(021)6248-1688

(021)6248-1773

1,014위안부터

미러원용도 호텔 美麗園龍都大酒店

P40A1

上海市延安路396號

(021)6249-5588

888위안부터

강소로

江蘇路站 지앙쑤루쨘

🍴 식당

복 1039

福1039

- P40A1
- 지하철역에서 도보 약5~10분
- 上海市愚園路1039號
- (021)5237-1878
- (점심)11:00~14:00
  (애프터 눈 티)14:00~17:00
  (저녁)17:00~24:00

상해 요식업계에서 10여 년 동안 입지를 다져온 이곳은 가격이 저렴하고 음식 맛이 뛰어난 식당이다. 2006년 5월, 새롭게 리모델링하면서 인테리어와 식사 분위기, 서비스와 메뉴 등 다방면에서 손님을 배려하기 위해 많은 노력을 기울였다.

리모델링 후 3층짜리 클래식한 서양식 건물로 바뀌었고, 마당에는 넓은 잔디밭이 깔려있어 외부의 소란스러움을 차단하고 있으며 여름이 되면 결혼식과 파티가 자주 열린다. 전체적으로 이국적인 분위기를 조성하는 동시에 실내 곳곳에 사장이 오랫동안 수집해온 골동품들을 놓아두었다. 20~30년대의 옛 상해 가구들로 꾸며진 식당에 들어서면 마치 외국의 호화로운 연회에 참석한 것만 같다.

이곳은 상해 요리의 특징을 살리면서 새로운 맛을 추구하는 요즘 세대 사람들의 입맛에 맞춰 다양한 퓨전 요리를 선보이고 있다. 주방장 이동잉(李冬仍)은 프랑스와 일본에서 식재료를 직수입해서 여러

가지 메뉴를 개발해냈다. 조리법은 중국 정통 방식이지만 모양만큼은 서양요리의 특징을 살려 눈과 입을 만족시키는 업그레이드된 상해 요리를 맛 볼 수 있다.

그중 '프랑스식 거위 간 요리(58위안)'는 프랑스에서 직수입한 거위 간을 적당한 불에 구운 다음 포도주와 신선한 야채 등을 곁들여 소스를 만들고 신선한 딸기를 곁들인 것으로 맛도 뛰어나지만 시각적인 효과도 뛰어나다. 고소한 프랑스빵과 함께 먹는다면 맛은 두말할 필요 없다. 이밖에 '황먼파이츠'는 생선지느러미와 닭고기, 포도주, 그리고 여러 독자적인 재료들을 함께 넣어 6시간 이상 끓여낸 것이다. 달콤하고 쫀득한 생선 지느러미의 맛이 일품이다. 가격도 고급음식인 만큼 3g에 360위안이다.

지하철
3호선

홍구축구장 역

虹口足球場站 홍커우주치우창짠

👁 명소

홍구축구장

虹口足球場

🔺 P145B1

🚇 **지하철역에서 도보5분**

　지하철역에서 나오면 바로 홍구
축구장과 연결되어 매우 편리하다.

이 축구장은 3만 명을 동시에 수용
할 수 있고 시설도 다른 축구장에
비해 훨씬 뛰어나다. 가끔 유명 연
예인들이 이곳에서 콘서트를 열기
도 한다.

노신 기념관

魯迅紀念館

🔺 P145B1

🚇 지하철역에서 도보5분

🏠 上海市甛愛路200號

📞 (021)6540-2288 내선115

🕐 9:00~16:00

💲 입장권 8위안

상해지하철3호선 주변도-1

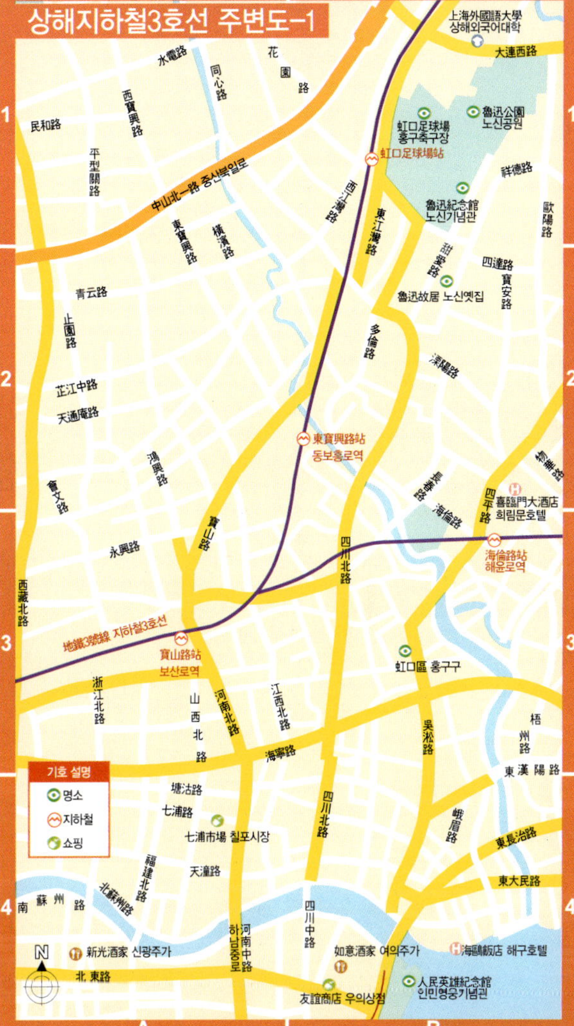

노신기념관은 1951년 1월 7일에 정식으로 대외개방이 되었다가 1998년에 한 차례 리모델링을 거쳐 1999년 9월 25일 다시 새로운 모습으로 개방되었다. 중국 강남의 전통적인 주택형식으로, 실내는 3개의 전시관으로 나뉘어져 있고 지하실은 문화 예술품이 보관되어 있다. 1층은 주제별 전시관이고 2층에서는 노신의 일생을 살펴볼 수 있다. 노신의 작품 〈야초(野草)〉의 단편, 명작 〈아큐정전(阿Q正傳)〉의 시대배경, 그리고 노신이 집에서 회의하는 모습이 밀랍인형으로 만들어져 전시되어 있다.

노신공원

魯迅公園

🔺 P145B1

🚇 지하철역에서 도보 약5~10분

이 공원은 주로 상해 북쪽 지역의 주민들이 애용하는 곳이다. 노신공원이라고 부르게 된 것은 과거에 노신이 이 근처에서 살았고 이곳에 묻혔기 때문이다. 그래서 공원에는 노신의 정교한 조각상도 세워져 있다. 주말 아침이 되면 노신공원에는 혈기왕성한 상해 사람들로 가득 차서 활기가 넘친다. 한쪽에서는 삼삼오오 모여 악기 연주를 하고, 광장에서는 노인 커플들이 사교춤을 춘다. 헬스기구도 마련되어 있는데 남녀노소 모두가 이용할 수 있어 인기가 많다.

다윤로

多倫路

🔺 P145B2

🚇 지하철역에서 도보 약10~15분

이 지역은 옛날 일본조계지와 미국조계지에 속했던 곳이다. 이러한 역사적 배경은 이곳을 안전하고 은밀한 거주지로 만들었으며 많은 좌익작가들이 이곳에 살면서 문인들의 집단을 형성했다. 이 문인들의 모임 장소는 현재 관광명소가 되어 특색 있고 동양적인 분위기를 물씬 풍기고 있다.

노신(魯迅), 모순(矛盾), 곽말약(郭沫若) 등 유명한 작가들이 이곳에 살게 되면서 다윤로는 '현대 문학의 요람'이라는 이름도 얻게 되었다. '옛 영화관 커피숍'에 앉아 커피를 마시며 옛날 영화를 감상하며 추억을 회상해보는 것도 다윤로에서 느낄 수 있는 색다른 즐거움이라고 할 수 있다.

보산로 역

寶山路站 바오샨루짠

명소

칠포 시장

七浦市場

- P145A4
- 지하철역에서 도보15분
- 6:00~17:00(영업시간은 점포마다 다름)

하남중로(河南中路)와 칠포로(七

浦路) 사이의 이 구역은 상해 국제 의류 매장, 상해 칠포 의류시장, 칠포 의류 도매시장 등이 들어서 있어 언제나 북적인다. 이곳에 모이는 사람들은 대부분 도매상들이다. 시장에는 좋은 상품을 확보하기 위해 아침부터 분주하게 물건을 고르고 옮기는 사람들로 붐비며, 사람들의 양 손에는 짐들로 가득하다.

칠포 시상에서는 중국 각 지역과 일본, 한국, 홍콩에서 들여온 의류들을 주로 판매한다. 점포들이 줄을 지어 늘어서 있어 쉽게 돌아볼 수 있으며 가격은 정찰제이지만 도매를 할 경우 흥정을 시도할 수도 있다.

이곳을 방문하는 손님들은 대부분 도매상들이지만 관광객들도 이곳에서 상해의 도매시장을 누비는 즐거움을 맛볼 수 있다. 단, 북적이는 인파 속에서 가방 단속은 철저히 해야 한다.

홍교로

虹橋路站 홍치아오루짠

명소

송경령 묘원

宋慶齡墓園

P149B3

1.지하철 3호선 虹橋路역에서 도보 약10~15분 2.버스 73, 113, 141, 224, 911, 938번 승차, 虹橋路에서 하차 3.버스 48번 승차, 中山西路에서 하차 4.버스 72번 승차, 虹橋路에서 하차

上海市宋園路21號

(021)6278-3126

8:30~17:00

입장권 5위안

넓고 한적한 묘지에 들어서면 송경령의 중국에서의 지위가 어떠한지 짐작할 수 있다. 중국의 '국모'로 칭송받는 송경령은 영화 같은 인생을 살다 갔다. 그녀는 용감하고 지혜로우며 사람들을 사랑하던 매력적인 여성이었다.

송경령은 1981년 5월 29일에 별세하였고 유골은 그녀의 고향인 상해에 묻혔다.

묘역은 총 5개 구역으로 나뉘어져 기념비, 기념광장, 송경령 조각상, 묘지, 진열실 등이 있다. 용도(甬道)기념비 위에는 "애국주의, 민주주의, 국제주의, 공산당주의의 위대한 전사들은 송경령과 함께 영원히 변하지 않을 것이다."라는 등소평의 추모사가 새겨져 있다.

중국근대사에 많은 영향을 끼쳤던 송가의 3자매 중 둘째인 송경령은 1893년 1월 27일에 태어났다. 그녀는 미국의 웨슬리 귀족 여자 고

등학교에 진학하여 20세에 손중산 선생의 비서가 되었으며 23세에 손중산 선생과 결혼을 하였다. 그 후 10년 동안 두 사람은 중국역사에 커다란 변화를 가져왔다. 손중산이 별세한 후 송경령은 항일전쟁, 해방전쟁을 겪었으며 노년 시절에는 외교적으로 활발하게 활동하며 세계평화를 위해 헌신하였다. 그녀의 파란만장한 삶은 기념관에서 완전한 스토리로 다시 관람할 수 있다.

부잣집 딸에서부터 한 사람의 아내, 젊은 과부, 항일전쟁 참여와 중국의 부주석으로 자리를 잡은 후 노년에도 각종 외교회의에 참석하는 그녀의 모습들을 사진으로 살펴보다 보면 그녀 특유의 강한 인상은 변함없음을 확인할 수 있다.

고북신구

古北新區

P149A2

1.지하철 3호선 虹橋路역에
서 도보30분 2.버스 48, 808,
71B, 202, 311, 251, 519, 74B,
141, 938번 승차, 古北路에서
하차

고북신구는 '작은 대만 거리'라고
도 불린다. 대만인들이 대거 상해

로 몰리면서 땅값은 하늘 높은 줄
모르고 치솟았다. 북쪽의 선하로(仙
霞路)에서 홍허로(虹許路)까지는
대만인들이 경영하는 식당과 프랜
차이즈 상점들로 가득해 주말이 되
면 대만 상인들로 북적인다. 현재
상해에는 대만 상인들이 10만여 명
있을 것으로 추정되는데 이곳에 특
히 집중되어 있다고 한다.

유해율 미술관

劉海粟美術館

 P149A2

1.1.지하철 3호선 虹橋路역에서 도보 30분 2.버스 48, 911, 938번 승차, 水城路에서 하차

上海市虹橋路1660號(虹橋路와 水城路의 교차로)

(021)6270-1018

9:00~16:00

월요일

입장권 5위안

유해율은 중국 상주(常州) 출신으로, 어릴 적 이름은 유구(劉九), 호는 해율(海栗)이며 노년시절에는 해옹(海翁) 또는 정원노인(靜遠老人)이라고 불렸다.

그는 일찍부터 미술을 공부하였으며 강유위(康有爲)로부터 큰 영향을 받았다. 중국 미술에 대해 깊이 연구하여 중국의 현대 미술 발전에 많은 영향을 끼쳤다. 그는 선과 점, 끌기, 뿌리기 등의 기법을 사용하여 개인의 취향을 생동감 있게 표현하였다. 특히 만년의 작품들은 화법이 더욱 뛰어나다.

실제로 유해율은 생전에도 매우 개방적이었으며 어디에도 구속받지 않는 성격을 가지고 있었다고 한다. 1914년, 그는 인체를 모델로 한 데생 과정을 개설하였으며 작품들을 공개적으로 진열해 놓았다. 그는 당시 보수적인 사회적 분위기에서 많은 질타와 비난을 받았지만 사회와 당당히 맞서 투쟁했다.

유해율은 에술대사로 활동하면서 중국 미술의 내재적 의미를 홍보했다. 또 일본, 프랑스, 독일, 네덜란드, 스위스, 영국 등 국제적으로 인정받는 예술가로 자리를 잡았다.

유해율 미술관의 겉모습은 매우 현대적이다. 실내는 2층으로 나누어져 있는데 아래층은 테마별 전시장이고 2층은 주로 유해율의 작품들이 세 구역으로 나누어 전시되어 있다.

블루 프로그
Blue Frog

🔺 P149A3

🔵 1.지하철 3호선 虹橋路역에서 도보 30분 2.버스 48번 승차, 虹許路에서 하차 3.버스 69번 승차, 虹梅路虹橋鎭에서 하차

🏠 上海市虹梅路3338弄虹梅休閒步行街30號

☎ (021)5422-5119

🕐 일~목10:00~0:00
금~토10:00~2:00

💲 음료수 20위안부터

주로 미국식 요리를 선보이는 이 곳은 상해에 4개의 체인점을 보유하고 있다. 특히 홍매로의 이 매장은 주변에 외국인들이 많이 살고 있다. 외국인들을 위한 친절한 서비스와 더불어 어린이 놀이방도 설치되어 있어 부모들은 마음껏 아이들과 즐거운 식사를 할 수 있다.

식사시간이 끝나면 이 곳은 또 다른 모습으로 변신을 한다. 독립적인 공간으로 꾸며진 바에서는 사장이 직접 선곡한 재즈음악이 흘러나오고 손님들은 음료수를 마시며 편안한 분위기에서 대화를 나눈다. 주변에는 텔레비전도 설치되어 있어 분위기가 더욱 시끌

홍교영빈관 虹橋迎賓館

🔺 P149A2

🏠 上海市虹橋路1591號

☎ (021)6219-8855

📠 (021)6219-5036

💲 1,660위안부터

🌐 www.hqstateguesthotel.com

@ sales@hqstateguesthotel.com

운봉 호텔 云峰賓館

🔺 P149A2

🏠 上海市虹橋路1665號

☎ (021)6275-6088

📠 (021)6275-6609

💲 360위안부터

🌐 www.yunfenghotel.com

양자강 호텔 揚子江大酒店

🔺 P149B2

🏠 上海市延安西路2099號

☎ (021)6275-0000

📠 (021)6275-0750

💲 1,300위안부터

고북만 호텔 古北灣大酒店

🔺 P149A2

🏠 上海市虹橋路1446號

벅적하다. 가장 안쪽의 벽에는 유명한 풍경들의 사진이 걸려있는데 각 사진마다 파란색의 청개구리 한 마리가 찍혀있다. 아마 가게의 이름이 청개구리라서 그런 것 같다.

이곳에 올 때는 옷차림에 그다지 신경쓰지 않아도 된다. 또 편안하고 경쾌한 음악을 계속 틀어주므로 마음껏 비밀스러운 대화를 나눌 수 있다.

여행으로 지친 발걸음을 멈추고 이곳에서 쉬어가자.

🚌 (021)5257-4888
📠 (021)6295-8838
💲 850위안부터
🌐 www.gbw-hotel.com
@ master@gbw-hotel.com

신원 호텔 新源賓館

✈ P149A2
🏠 上海市虹橋路1900號
🚌 (021)6242-6688
📠 (021)6242-3256
💲 770위안부터

국항 빌딩 國航大廈

✈ P149A2

🏠 上海市虹橋路2550號
🚌 (021)6269-6269
📠 (021)6269-6288
💲 980위안부터

쉐라톤 그랜드 호텔 喜来登豪達太平洋大飯店

✈ P149B2
🏠 上海市遵意南路5號
🚌 (021)6275-8888
📠 (021)6275-5420
💲 2,400위안부터
🌐 www.sheratongrand-shanghai.com
@ sheratongrand@uninte.com.cn

예원

예원
豫園

 P88B2

옛 중국의 고고한 여운을 찾고자 한다면 명나라 때의 공원 예원에 가보자. 옛 강남의 공원 숲을 재현한 예원에는 문인들의 간결하고 소박한 미학과 대자연이 잘 어우러져 있다. 공원 옆에는 식당과 골동품점도 있어 관광객들의 발길을 더욱 끌어당기고 있다.

이곳은 명나라 사천의 부정사 반윤단(潘允端)이 아버지 반은(潘恩)을 기쁘게 하기 위해 1559년에 조성한 곳이다. '예원'이라는 이름은 '유열노친(愉悅老親:늙으신 부모님을 기쁘게 하다.)'이라는 말에서 따온 것이라고 한다.

숲의 면적이 넓어 '도시의 숲'이라는 별명을 가지고 있는 예원의 내부에는 정자와 누각이 질서 있게 세워져 있다. 누각 내부의 우아한 장식들도 400년의 역사를 자랑하는데, 이를 통해 당시 반 씨 가문의 재력과 기개를 가늠할 수 있다. 상해 사람들 사이에 '도시의 반은 반 씨 가문의 것이고 서 씨 가문은 도시의 한 구석을 차지한다.'라는 말

1.지하철 1호선 또는 2호선 이용. 人民廣場역에서 하차 후 1번 또는 4번 출구에서 버스 930, 980번 승차. 福佑路에서 하차
2.지하철 2호선 河南中路역에서 하차한 후 버스 66, 929번 승차. 福佑路에서 하차

이 돌았다고 한다. 실제로 반 씨 가문의 호화주택은 상해의 반을 차지했다고 할 정도로 넓었고, 서광계(徐光啓)는 간신히 몸을 가눌 수 있는 한 평 정도의 땅만 차지하고 있었다고 한다. 반 씨 가족의 부유함은 하늘을 찌르지만 서광계의 청렴하고 위대한 기개가 물질적 부유함보다 더욱 풍요롭다는 것을 칭송하기 위해 당시의 민중들 사이에 이런 말이 유행하지 않았나 싶다.

400년의 시간이 지난 지금 예원은 더 이상 과거의 모습이 아니다. 공원 안의 유적지는 대부분 남쪽의 성황묘(城隍廟)와 연결되어 있다. 상가의 일부분이 된 구역은 '원외경(園外景)'이라고 부르고, 예원 중심의 호신정(湖心亭)과 연결된 구곡교(九曲橋)는 현재 유명한 식당인 '녹파랑(綠波廊)'으로 변신했다.

예원은 명나라 가정황제 38년에 지어졌으며 청나라 건륭황제 때 남측에 성황묘가 추가되어 현재 총면적은 2만㎢에 달한다. 공원 전체는 회랑으로 둘러싸여 있고 인조산과 늪, 누각과 정자 등 6개 구역으로 나누어져 있다.

성황묘

城隍廟

 P88A2

예원의 남쪽에는 과거 한나라 대장군 곽광(霍光)의 위패가 있는 금산신묘(金山神廟)가 있었다. 금산신묘는 명나라 때에 이르러 성황묘(城隍廟)라는 이름을 얻게 되었다.

앞쪽에 위치한 전각에는 여전히 금산신(金山神) 곽광의 위패가 있고 뒤쪽 전각에는 성황(城隍)의 위패가 있다.

원래 이곳 부근에는 찻집들이 모여 있어 노점 상인들과 공연단이 모여들었다고 한다. 하지만 문화대혁명 시기에 핍박을 당하여 '예원 상점'이라고 개명하기도 하였다.

1981년에 복원 작업이 시작되어 다시 예술품, 특산품, 주전부리 가게로 가득해졌다. 골동품이 대부분을 차지하지만 비싼 편이므로 구매를 할 때는 반드시 원가의 70%를 깎고 흥정을 해야 한다.

쇼핑

상해 옛 거리

上海老街

 P88B2

예원과 가까운 상해 옛 거리(上海老街)에는 옛날식의 건물 외에도 사람들의 이목을 끄는 다양한 가게들이 있다.

이곳에는 20~30년대 골동품을 판매하는 골동품상점, 중국풍의 기념품 가게, 찻집들로 가득하다. 가게들은 대부분 예원 내부의 상점과 연결되어 있는데 상점의 옛 음악과 찻집에서 흘러나오는 경극 노랫소리를 벗 삼아 쇼핑을 하는 색다른 느낌을 체험해볼 수 있다.

이곳에서는 위조 골동품을 구할 수 있다. 돌조각, 청동기, 옛날 담배, 옥기 또는 자기들과 같은 식기류들은 골동품 전문가가 아닌 이상 진짜를 가려내기란 여간 쉽지 않다. 가게 주인들은 항상 큰소리로 말도 안 되는 높은 가격을 부르므로 물건에 흥미가 없다면 굳이 흥정을 하지 말자. 흥정을 했을 경우 어쩔 수 없이 사야 할 상황이 발생할지도 모르기 때문이다.

하지만 복고풍의 옛 상해 소품을 수집하기 좋아하는 사람들에게 있어서 이 거리는 천국이나 마찬가지이다. 상해의 옛날 잡지(한 장에 10위안)부터 민국 초기의 자기, 30년대의 기름등, 민화, 라디오 등을 모두 이곳에서 볼 수 있다.

녹파랑

綠波廊

- P88B2
- 上海市豫園路131號
- (021)6328-0602
- (점심)11:00〜14:30
  (저녁)17:15〜21:45

많은 매체들에 의해 보도된 바 있는 녹파랑은 상해에서 빼놓을 수 없는 이름난 식당이다. 이곳을 들러야만 진정으로 상해를 방문했다고 할 수 있다.

녹파랑은 성황묘의 내부에 있다. 1924년에 찻집의 형식으로 오픈했다가 1979년에 식당으로 전업하여 현재는 상해에 2개의 체인점을 보유하고 있다.

녹파랑에서는 일반 가정식 요리, 접대용 요리 등 전통 상해 요리를 모두 제공한다고 해도 과언이 아니다. 하지만 가장 대표적인 것은 바로 딤섬이다.

대표적인 요리로 겉모양이 눈썹과 비슷한 '싼스메이마오쑤(1개당

3위안)'가 있다. 바삭한 피와 버섯과 고기, 야채 등을 버무린 소가 일품이다. '자오니쑤빙(1개당 3위안)'은 대추 속이 들어있어 몸에도 좋고 많이 먹어도 느끼하지 않고 담백하다. 찹쌀가루와 설탕, 계피로 만든 '꾸이화라까오(1개당 2위안)'는 찹쌀의 고소함과 달콤함이 함께 어우러져 씹는 맛이 쫀득하다. 이곳의 주방장은 끊임없이 새로운 메뉴를 개발하므로 손님들의 까다로운 입맛에 맞춰 다양한 딤섬을 선보이고 있다. 이곳에 오는 손님들은 음식 맛을 보고 하나같이 감탄을 금하지 않는다.

예원을 돌아다니다가 지치면 이곳에 들러보자. 맛있게 먹고 배를 채운다면 부족함 없이 여행을 즐길 수 있을 것이다.

남상 만두점
南翔饅頭店

P88B2
上海市豫園路85號
(021)6355-4206
1층 테이크아웃(10:00~21:00)
2층 선방청(7:00~20:00)장흥
루(8:30~17:00)
3층 정흥루(10:45~18:30)

비록 긴 줄을 서야 하지만 이곳에 오는 손님들은 이런 불편함조차도 즐거움으로 생각한다. 성황묘 내에 있는 남상 만두점은 광서 26년(1900년)에 문을 연 역사상 가장 오래된 음식점이다. 당시 남상 마을의 오상승(吳翔升)이 자신의 사부와 함께 이곳에 가게를 내고 '샤오롱빠오'를 위주로 팔았다고 한다. 겉은 얇고 속은 꽉 찬데다 특유의 진한 맛으로 순식간에 소문이 퍼지면서 상해의 유명 식당으로 자리 잡았다.

현재 남상 만두점은 옛 건물을 새로 단장하고 공간을 확장하여 넓고 우아한 분위기로 변신하였다.

전체 건물은 3층으로 되어 있으며 1층에서는 샤오롱빠오를 포장판매만 하는데 언제나 긴 줄을 서서 기다려야 한다. 2층은 선방청(船舫廳)과 장흥루(長興樓)로 나뉜다. 선방청에서는 '시에펀샤오롱빠오'만 판매하며 만드는 과정을 지켜볼 수도 있다. 신선한 고기를 엄선하여 사용하고 조리 환경도 위생적이라는 것을 눈으로 직접 확인할 수 있다.

3층의 정흥루(鼎興樓)는 VIP룸이다. 식사환경이 쾌적할 뿐만 아니라 제공되는 딤섬의 종류도 다양하다. 남상에서는 위치와 층수에 따라 딤섬의 종류와 가격도 제각각이다. 예를 들어 1층에서 판매하는 샤오롱빠오는 한 개당 8위안이지만 2층의 장흥루에서는 6개에 20위안이고 정흥루에서는 30위안이다. 하지만 상대적으로 비교해 볼 때 가격이 비쌀수록 식사 환경이 좋고 요리의 질도 훨씬 좋다. 게다가 장흥루와 정흥루는 사전 예약도 가능하여 긴 줄을 서지 않아도 된다.

상해에 남상이라는 이름의 유사한 음식점도 많이 생겼지만 진정한 상해의 남상 만두점은 이곳뿐이다. 일본, 한국, 홍콩, 인도네시아와 싱가포르에도 국제 체인점이 들어서 있다.

상해호텔 上海老飯店

P88B2
上海市福州路242號
(021)6311-1777
(021)6355-6284
428위안부터
www.laofandian.com

양량 호텔 良良大酒店

- P88B3
- 上海市中山南路77號
- (021)6374-3969
- (021)6328-4552
- 260위안부터
- liang@llhotel.com

녹원 호텔 綠苑大酒店

- P88B2
- 上海市39號
- (021)6330-6060
- (021)6330-6057
- 408위안부터

상해 여행 정보
Shanghai information

기본 정보

- 국명 : 중국
- 정식국명 : 중화인민공화국
- 수도 : 북경
- 언어 : 중국어
- 환율

  중국인민폐 1위안은 약 152원
- 화폐

인민폐 사용. 위안(Chinese Yuan Renminbi).

지폐는 100, 50, 20, 10, 5, 2, 1위안, 5쟈오가 있고 동전은 10편, 5쟈오와 1위안이 있다.

- 전압 : 220V
- 비상전화

경찰신고 110, 화제신고119, 긴급구조120

- 시차

한국보다 한 시간이 느리다.

- 기후

상해는 아열대 지역으로 사계절이 분명하고 기온이 따뜻하면서 습기가 많다. 상해의 봄과 가을은 비교적 짧은 편이고 겨울과 여름이 긴 편이다. 연평균 기온은 16℃ 정도, 60%의 강우량은 5~9월에 집중되어 있고 7월 초에는 장마시기로 강우량이 많아 습하고 무덥다. 하지만 여행하기에는 가장 좋은 시기이다.

교통 정보

◎포동 공항(浦東機場)에서 상해 시내까지 교통정보

- 택시 : 오른쪽 표와 같음
- 공항버스 : 오른쪽 표와 같음
- 자기부상열차 : 지하철 2호선 龍陽路역에서 동쪽으로 가면 포동국제공항 역이다. 시속 430km로 8분이면 도착한다. 세계에서 가장 빠른 교통수단이기도 하다.

☎ (021)6360-0688

www.smtdc.com/zw/index.asp

상해 시내 교통 정보

버스

에어컨이 없을 경우 1~1.5위안, 에어컨이 있을 경우 2위안

택시

기본가 10위안,
운행시간 23:00~5:00, 할증 30%

지하철

상해의 지하철은 현재 5개의 노선이 개통되어 있고 티켓가격은 3~8위안으로 각기 다르다.

- 지하철 1호선 :

(배차시간 7:00~9:30 약 3분 간격, 16:12~19:23 약 4분 간격, 기타 시간대는 약 6~10분 간격)

莘庄站 → 共富新村
(첫차 5:30, 막차 22:20)

上海火車站 → 莘庄站
(첫차 5:30, 막차 23:00)

- 지하철 2호선 :

(발차간격 7:30~9:30 약 3.5분, 15:38~19:29 약 4.75분, 기타 시간 약 5분)

張江高科 → 中山公園
(첫차 6:28, 막차 22:30)

中山公園 → 張江高科
(첫차 5:53, 막차 23:03)

- 지하철 3호선 :

(발차 간격 7:20~9:00 약 5분, 기타 시간 약 8~14분)

江灣鎭 → 石龍路
(첫차 6:00, 막차 22:00)

石龍路 → 江灣鎭
(첫차 5:15, 막차 21:27)

◎포동공항에서 상해 시내 방향 택시가격

출발지: 포동공항

시간		5:00~23:00	23:00~5:00
	육가취(陸家嘴)	110위안	
	금교(金橋)	110위안	
	외고교(外高橋)	110위안	
출발지	인민광장(人民廣場)	110위안	기존가격에 30%추가
	상해기차역(上海火車站)	110위안	
	홍교(虹橋)	110위안	
	중산공원(中山公園)	110위안	
	서가회(徐家匯)	110위안	

위 표의 화폐단위는 인민폐를 기준으로 만든 참고용이며, 실제로는 미터기를 기준으로 계산한다.

◎공항버스

노선	출발역	종착역	발차시간	티켓가격	중간 정류소	승강장
공항1번 (機場一線)	포동공항 (浦東機場)	홍교공항 (虹橋機場)	7:00~ 비행기운항 종료 때까지	30	없음	1층 6번 출구
공항2번 (機場二線)	포동공항 (浦東機場)	씨티에어터미널-정안사 (城市航站樓-靜安寺)	7:00~ 비행기운항 종료 때까지	19	없음	1층 7번 출구
공항3번 (機場三線)	포동공항 (浦東機場)	은하 호텔 (銀河賓館)	7:20~23:00	20	徐家匯, 機場龍陽路 地鐵站, 打浦橋, 張江高科技園	1층 7번 출구
공항4번 (機場四線)	포동공항 (浦東機場)	홍구 축구장 (虹口足球場)	7:00~23:00	14~18	德平路, 五角場, 大栢樹	1층 8번 출구
공항5번 (機場五線)	포동공항 (浦東機場)	상해 기차역 (上海火車站)	7:00~23:00	14~18	浦東大道, 東方醫院, 延安中路	1층 8번 출구
공항6번 (機場六線)	포동공항 (浦東機場)	중산공원 (中山公園)	7:00~23:00	10~20	張江高科技園 東方路, 老西門, 石門一路, 華山路	1층 9번 출구

위 표의 화폐단위는 인민폐를 기준으로 만든 참고용이며, 실제로는 미터기를 기준으로 계산한다.

◎자기부상 열차

출발역	종칙역	발자시간	배차간격	승자권가격 (위안)	승차지점
포동공항 (浦東機場)	지하철 용양로 역 (4번 출구)	7:02~21:02	20분	간격편도승차권 일반 50, 귀빈석 100, 왕복 일반 80, 귀빈석160, 당일 비행기편도티켓 40할인(전자티켓 제외)	공항대합실 로비 2층 1~4번

· 지하철 4호선 :
(발차 간격 7:02~9:00 약 11분, 기타시간 약 16~28분)
藍村路 → 大木橋路
(첫차5:55, 막차21:40)
大木橋路 → 藍村路
(첫차5:40, 막차21:03)

www.shmetro.com
상해의 5개 지하철 노선은 보통 한 번 구매한 승차권으로 모든 노선을 갈아 탈 수 있지만 상해기차역에서 1호선에서 3,4호선으로 갈아 탈 경우 또는 3, 4호선에서 1호선을 갈아 탈 경우 다시 승차권을 구입해야 한다.

◎포동공항에서 기타 장거리버스 교통편

노선	정차 역	가격(위안)	23:00~5:00
항주(杭州)	직행	100	10:30,12:00,15:30,17:30,19:30
가흥(嘉興)		58	11:10,13:10,16:10,18:10
청전(靑田)		210	11:50,19:40
곤산(昆山)	홍교 공항 경유	79	10:30,11:30,12:30,13:30,14:30, 15:30,16:30,17:30,18:30,19:30
소주(蘇州)		82	10:40,11:20,11:50, 12:50,13:50,14:40 15:20,16:10,16:50 17:50,18:50,19:40
무석(無錫)		100	11:20,12:20,13:20, 14:20,15:20,16:20,17:20,18:20
장가항(張家港)		110	12:50,14:40,15:40,17:40
남경(南京)		136	11:20,14:20,16:40,18:40

철도

상해 기차역에서 표를 구매해도 되지만 매표소와 승차하는 곳이 멀기 때문에 사전에 미리 구입하는 것이 좋다. 여행사를 통해서도 푹신한 의자(軟座:롼쭤), 딱딱한 의자(硬座:잉쭤), 푹신한 침대(軟臥:롼워), 딱딱한 침대(硬臥:잉워) 모두 예매 가능하다. 상해 기차역(上海火車站)과 상해서역(上海西站)은 상해의 양대 기차역이다.

〈기차표 구입처〉

상해 역(上海站): 천목서로(天目西路:티엔무시루)와 항풍로 입구(恒豊路口:헝펑루커우)

북경동로 매표소(北京東路售票處:베이징똥루셔우퍄오추):북경동로 230호(北京東路230號)

여권 발급 요령

출국을 하려면 누구나 여권을 발급받아야 한다. 여권에는 1년의 유효기간 동안 1회의 해외여행이 가능한 단수여권과 10년의 유효기간 동안 횟수에 제한 없이 해외여행을 할 수 있는 복수여권이 있다. 특별한 사유가 없는 여행자는 해외여행을 할 때마다 여권을 발급받을 필요 없이 복수여권을 발급받는 것이 경제적이다.

2005년 9월 30일 이전에 발행된 구여권은 유효기간 동안 사용이 가능하다. 신여권 제도로 바뀌면서 기존의 유효기간 연장 제도가 폐지되었으므로 연장 가능한 구여권에 대해 신여권 발급 신청서를 작성하면 5년 유효기간의 신여권을 발급받을 수 있다.

여권 발급 구비서류

- 여권 발급 신청서
- 최근 3개월 이내에 찍은 여권사진(3.5cm X 4.5cm)
- 주민등록등본 1부
- 주민등록증 또는 운전면허증
- 대리신청의 경우 본인의 위임장과 주민등록증 및 그 사본과 대리인의 주민등록증이 필요하다.
- 만 18세 미만의 경우 부모의 여권 발급동의서 및 동의인의 인감증명서가 요하다.

여권 발급비용

- 복수여권 – 55,000원
- 단수여권 – 20,000원
- 구여권 ⇨ 신여권(5년) – 15,000원

여권 발급기관

- 서울 : 종로구청, 노원구청, 강서구청, 영등포구청, 동대문구청, 강남구청, 송파구청.
- 지방 : 각 시청과 도청의 여권과

그 밖의 필수 아이템

여행자보험

여행자보험이란 여행을 끝마치고 귀국할 때까지 생긴 사고에 대한 보상을 해주는 일회성 보험이다. 보험신청은 보험회사 화재부와 여행사를 통해 할 수 있으며, 공항의 여행보험 판매계에서 출국 직전에도 쉽게 할 수 있다. 보상금에 따라 보험금의 차이가 있지만 보통 2만 원 가량의 보험금이 지출된다.

국제운전면허증

해외여행을 위한 여권 소지자는 약간의 수수료와 간단한 절차를 통해 국제운전면허증을 국내에서 발급받을 수 있으며, 해외에서 사용할 수 있다.

- **발급장소** : 거 주 지 관할 운전면허 시험장
- **구비서류** : 운전면허증, 여권, 여권사진 2매
- **유효기간** : 1년

국제학생증

학생인 경우에는 국제학생증 (International Student Identity Card)을 발급받아 떠나는 것이 좋다.

국제학생증을 제시하면 박물관, 미술관, 극장, 레스토랑 등에서 어러 가시 할인혜택을 받을 수 있다. 한국에서 국제학생증을 발급받지 못했다면 현지에서 발급받을 수 있다. 국제학생증은 대부분의 국가에서 취급하기 때문에 발급받는 장소만 알고 있다면 오히려 우리나라보다 간편하게 즉석에서 받을 수도 있다.

- **발급장소** : ISEC 국제학생증 한국 본사나 서울 종각역 근처 대부분 여행사에서 발급가능
- **구비서류** : 재학증명서, 신분증,

여권사진 1매
- **발급비용** : 14,000원
- **소요시간** : 접수 후 2일 이내 발송

신용카드

해외여행을 갈 때에는 사용할 일이 없더라도 만약을 대비해 신용카드를 가져가는 것이 좋다. 신용카드는 휴대가 간편하고 분실했을 경우 즉시 신고하면 보상받을 수 있다는 장점뿐만 아니라 카드 종류에 따라 마일리지나 포인트 적립을 받아서 상품이나 현금으로 사용하는 등 여러 가지 혜택을 받을 수 있기 때문이다.

여행자수표 (T/C)

여행자수표는 현금 대신 사용할 수 있고 한도가 있으므로 사용 예산을 조절할 수 있다. 현지 은행에서 현금으로 교환 가능하며 환율이 현금보다 유리하다는 장점이 있다. 또한 분실/도난 시 재발급을 받을 수 있어 안정성을 보장받을 수 있다. 하지만 모든 곳에서 사용할 수 있는 것은 아니며 발행회사의 환전소가 아닐 경우 수수료를 물게 된다는 단점도 있다. 발행회사는 AMEX와 VISA 두 곳이 있고 국민은행이나 외환은행에서 발급받을 수 있다. 여행자수표는 발급 즉시 서명하고 사용할 때 다시 서명해야 하며, 서명란 두 곳이 모두 서명되어 있으면 사용할 수 없다.

입국절차

검역

배나 비행기로 목적지에 도착한 후 밟게 되는 입국절차 중 가장 먼저 거치는 것이 검역이다. 입국심사 시에 행해지는데, 최근에 전염병이 발생한 지역을 여행한 경우가 아니라면 특별한 예방접종 등은 필요없다. 대신, 2003년 사스 바이러스 발생 이후 건강신고서를 미리 작성하여

입국심사 전 제출하여야 한다.

입국심사

검역이 끝나면 여러 개의 입국심사 대중에서 외국인(外國人)이라고 표시되어 있는 입국심사대로 간다. 유효한 여권과 비자 그리고 입국카드(단체비자는 입국카드 필요없음)만 제출하면 간단히 끝난다. 단체일 경우는 단체비자를 받았기 때문에 단체비자에 적혀있는 번호 순으로 줄을 서서 심사를 받아야 한다. 출입국카드는 기내에서 미리 작성해 둔다.

짐 찾기

입국심사가 끝나면 짐 찾는 곳으로 가서, 탁송한 짐을 찾는다. 턴 테이블의 흐름은 별로 빠르지 않아 상당한 시간이 걸린다. 도시별 공항에 따라 턴테이블 안내판에 도착항공기를 표시하지 않는 곳도 있어 짐 찾는데 애를 먹는 경우가 많으므로 공항 직원에게 묻거나 함께 탑승한 승객들을 따르면 도움이 된다.

세관

2005년 7월 1일부로 중국의 모든 공항,항구로 출,입국하는 사람은 '중국 출/입국 세관 물품신고서'를 작성하여 중국세관에 제출해야 한다. 신고할 품목이 있는 관광객의 경우 입,출국용 세관 물품신고서와 별도의 추가서류(항공기 내에 비치되어 있음)를 작성한 후 세관직원에 제출하고 제출한 별도의 추가서류를 돌려받아 관광을 마치고 출국할 때까지 보관하면 된다. 세관 통과 시 술 1병, 담배10갑, 향수2온스는 신고 없이 반입이 가능하다. 입국 시 신고한 물건은 중국 내에서 팔거나 선물해서는 안 된다. 신고한 물건 가운데 없어진 물건이 있다는 사실이 출국시 세관원에게 적발될 경우 관세를 물어야 한다. 검사가 끝나면 세관직원이 세관신고서에 사인을 해서 여권과 함께 돌려 주면 입국심사가 모두 끝나게 된다.

출국절차

1. 이용하는 항공사의 카운터에서 여권과 항공권을 제시하고 탑승권을 발부받고, 탁송화물이 있으면 부친다. 카운터에서 출국카드를 받아 기입한다.
2. 보안검사 : 여권과 탑승권을 내보이고, 여행짐은 X-RAY 검사대를 통과시킨 후 휴대물품이나 몸에 지니고 있는 물품을 간단히 조사받는다.
3. 출국심사 : 여권, 탑승권, 출국카드를 제시한다.
4. 탑승권상의 탑승구에서 탑승대기를 한다.

중국 출입국세관신고서

기존과는 달리 2008년 2월 1일부터 출국시 자율신고제로 변경되었으므로 개별 선택사항이다.

*입반출금지 품목

무기, 모형무기, 탄약 및 각종 폭발물, 위조 화폐, 위조 유가 증권, 각종 독극물, 아편, 코카인, 헤로인, 마리화나 등 마약류 및 항정신성 의약품, 진귀 문화재 및 반출금지 문화재, 멸종위기나 희귀 동식물 (표본포함), 종자 및 번식 물품

사이즈 조견표			
Korea	China	UK	US
44	-	6-8	0-2
55	84-86	8-10	4-6
66	88-90	12-14	8-10
77	92-96	16-18	12-14
88	98-102	20-22	16-18

신발 사이즈 조견표			
Korea	China	UK	US
230	36	4	6
235	37	4.5	6.5
240	38	5	7
245	39	5.5	7.5
250	·	6	8
255	·	6.5	8.5
260	·	7	9
265	·	7.5	9.5
270	·	8	10
275	45	8.5	11.5

입국신고서

1. 성
2. 이름
3. 생년월일
4. 성별
5. 여권번호
6. 국적
7. 비자번호
8. 입국목적
9. 비자발급처
10. 항공사 편명
11. 출발지
12. 중국현지주소(호텔명)
13. 서명
14. 도착일자

ENTRY CARD	FOR FOREIGN TRAVELLERS

PLEASE COMPLETE IN ENGLISH. FILL IN WITH ✓

- 1 Family Name: HONG
- 3 Date of Birth: YEAR 1,9,0,0 MONTH 0,1 DAY 0,1
- OFFICIAL USE ONLY
- 2 Given Names: GIL DONG
- 4 Male ✓ / Female
- 5 Passport No.: B,S,1,2,3,4,5,6,7
- 6 Nationality:
- 7 Visa No.: A,0,1,2,3,4,5,6
- 8 Your Main Reason for Coming to China (one only): Convention / Conference — Business — Employment — Settle down — Visiting friends or relatives — Outing/in leisure — Study — Return home ✓ — Others
- 9 Place of Visa Issuance: SEOUL
- 10 Flight No. Ship Name Train No.: MU5043
- 11 From: BUSAN
- 12 Intended Address in China: LAN SHENG HOTEL

I declare the information I have given is true, correct and complete. I understand incorrect or untrue answer to any questions may have serious consequences.

- 13 SIGNATURE: 홍길동
- 14 Date of Entry: YEAR 2,0,0,2 MONTH 0,1 DAY 0,1

출국신고서

1. 성
2. 이름
3. 생년월일
4. 성별
5. 여권번호
6. 출국목적
7. 국적
8. 항공사 편명
9. 목적지
10. 중국현지주소(호텔명)
11. 서명
12. 출발일자

DEPARTURE CARD	FOR FOREIGN TRAVELLERS

PLEASE COMPLETE IN ENGLISH. FILL IN WITH ✓

- 1 Family Name: HONG
- 3 Date of Birth: YEAR 1,9,0,0 MONTH 0,1 DAY 0,1
- OFFICIAL USE ONLY
- 2 Given Names: GIL DONG
- 4 Male ✓ / Female
- 5 Passport No.: B,S,1,2,3,4,5,6,7
- 6 Your Main Reason for Departure from China (one only): Convention / Conference — Business — Employment — Settle down — Visiting friends or relatives — Outing/in leisure — Study — Return home ✓ — Others
- 7 Nationality: KOREA
- 8 Flight No. Ship Name Train No.: MU5043
- 9 Destination: BUSAN
- 10 Address in China: LAN SHENG HOTEL

I declare the information I have given is true, correct and complete. I understand incorrect or untrue answer to any questions may have serious consequences.

- 11 SIGNATURE: 홍길동
- 12 Date of Departure: YEAR 2,0,0,2 MONTH 0,1 DAY 0,1

여행자수표

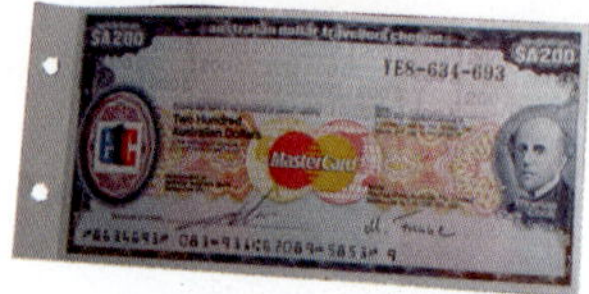

Q & A

Q : 여행자수표는 어디에 쓰면 좋나요?

해외 여행 : 많은 관광지에는 소매치기가 횡행합니다. 여행자수표는 현금을 대신하는 것으로 지갑에 넣어놓은 채 신경 쓰지 않고 여행을 즐기실 수 있습니다. 또한 여행자수표를 사용하면 여행 경비를 조절할 수 있습니다. 신용카드와 달리 있는 만큼 쓰는 것이기 때문에 예산범위 내에서 사용가능합니다.

해외 출장 : 해외 전시회에 참가하거나 제품을 구입할 때, 대부분 현지에서 즉시 지불해야하는 경우가 많습니다. 계약금을 내거나, 샘플 구입비를 결제할 때, 혹은 예상치 못한 지출이 발생하거나, 카드를 받지 않는 경우에도 여행자수표는 적절하게 사용가능 합니다. 현지 은행에서 현금으로 교환할 수 있기 때문에 현금을 가지고 출국하는 것보다 안전합니다.

해외 유학 : 여행자수표는 학비, 생활비를 지불하는 수단으로도 사용가능합니다. 단기 연수의 경우 체재기간이 비교적 짧아 일반적으로 해외에서 통장개설을 하지 않습니다. 그러므로 여행자수표로 학비, 생활비 등을 지불하는 것은 안전하면서도 신용카드의 한도 제한에 구애받지 않는 가장 편리한 선택입니다. 유학의 경우, 준비해야 할 비용이 더욱 큽니다. 현지에서 통장을 개설하기 전에 사용할 돈을 안전하게 준비하는 방법으로 여행자수표가 유용하게 사용됩니다.

이외에도 여행자수표를 구입할 때에는 환율이 일반적으로 현금보다 유리하게 적용됩니다. 환율이 낮아 출국 이전부터 약간의 비용을 절약할 수 있고, 또한 안전하다는 장점이 있습니다.

Q : 어디에서 아멕스 여행자 수표를 살 수 있나요?

A : 여행자수표는 은행과 온라인에서 구입 가능합니다.

▶ 은행 : 지점을 포함한 전국 각 은행에서 구입가능. 단, 외환은행에서는 호주달러와 영국 파운드, 일본 엔화, 캐나다 달러만 구입가능.

▶ 인터넷 예약 : 우리은행과 신한은행 웹싸이트에서 온라인으로구매할 수 있음. 자세한 내용은 http://www.ameri-canexpress.com/korea 참고.

Q : 여행자수표를 분실하면 현지에서 재발급 가능한가요?

아멕스 여행자수표는 전세계 84,000여 은행과 환전소 등의 파트너와 함께 일하고 있으며, 동시에

2,200개의 여행서비스센터를 두고 있습니다. 여행자수표 분실 시 일반적으로 모두 현지에서 재발급이 가능하며, 수수료도 없습니다. 다음 여행지에서 재발급 신청하셔도 됩니다.

Q : 왜 여행자수표를 사용하는 것이 경제적이고 혜택이 많다고 하나요?

A : 여행자수표를 구입할 경우 외화를 현금으로 구입하는 것보다 일반적으로 쌉니다. 외국에서 현지화폐로 교환하려고 할 때, 수수료를 면제해 주는 환전소도 많기 때문에 어떤 때에는 더 많은 현지 화폐를 손에 쥘 수 있습니다. 수수료 등에서 돈을 아낄 수 있을 뿐더러 수지타산이 잘 맞는 방법입니다.

Q : 해외 유학을 할 때, 학비와 생활비를 가지고 나가려고 합니다. 어떤 방식을 선택해야 좋을까요?

A : 여러 방법을 혼합해서 사용하시는 것이 좋습니다. 위험을 피하고, 동시에 편리하게 사용할 수 있어야 합니다. 학비를 현지에서 지불한다면 여행자수표를 이용하시는 것이 가장 좋습니다. 생활비의 70% 정도는 여행자수표, 20% 정도는 신용카드, 10%는 현금으로 사용하시는 것이 좋습니다.

여행자수표의 사용방법

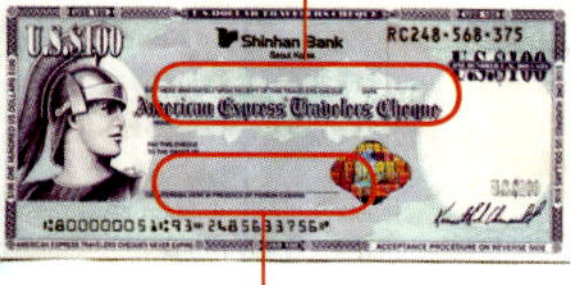

1. 구입 후 즉시 서명 : 구입 후 즉시 수표 왼쪽 상단에 사인합니다. 어느 언어도 무방.

2. 사용 시 재서명 : 사용할 때에 수취인의 앞에서 왼쪽 하단에 상단과 일치하는 사인을 하면 됩니다.

3. 따로 보관 : 구매계약서와 여행자수표는 따로 보관하세요. 만약 여행자수표를 분실, 훼손한 경우 구매계약서를 가지고 각지의 분실배상서비스센터에 가서 분실처리를 하시면 됩니다.

立邦漆
RENESAS

여행 회화

Travel Conversation

출국과 입국

■ 기본인사

안녕하세요.
你好。
니 하오.

만나서 반가워요.
认识你很高兴。
런스 니 헌 까오씽.

잘 지내나요?
你好吗？
니 하오 마?

아주 좋아요.
很好。
헌 하오.

나중에 또 봐요.
下次见。
샤 츠 찌엔.

안녕.(헤어질 때)
再见。
짜이 찌엔.

제 이름은 진입니다.
我的名字叫JIN。
워더 밍즈 쨔오 진.

어디서 오셨어요?
你从哪儿来？
니 충 나알 라이?

저는 한국에서 왔습니다. / 저는 한국인입니다.
我从韩国来。 / 我是韩国人。
워 충 한궈 라이. / 워 쓰 한궈 런.

■ 기내에서

베개 하나만 주세요.
请给我一个枕头。
칭 게이워 이거 전터우.

물 좀 주세요.
请给杯水。
칭 게이 뻬이 수이.

다시 한 번 말씀해 주시겠어요?
能再说一遍吗？
넝 짜이 쉬 이삐엔 마?

오늘은 며칠이죠?
今天是几号？
진티엔 스 지하오?

오늘은 무슨 요일이죠?
今天是星期几？
진티엔 스 싱치 지?

지금 몇 시입니까?
现在几点？
시엔짜이 지디엔?

오늘 날씨 어떤가요?
今天天气怎么样？
진티엔 티엔치 전머양?

북경 날씨는 어떤가요?
北京天气怎么样？
베이징 티엔치 전머양?

■ 공항에서

여권 좀 보여주세요.
请出示您的护照。
칭 추스 닌더 후짜오.

여행 목적이 무엇인가요?
旅行的目的是什么？
뤼싱더 무디 스 선머?

휴가를 보내려고 왔습니다.
我来度假。
워 라이 뚜쨔.

얼마 동안 머물 예정인가요?
您要逗留多长时间？
닌 야오 떠우려우 뚜어창 스지엔?

1주일간 머물 예정입니다.
逗留一个星期。
떠우려우 이거 싱치.

제 비자를 연장하고 싶습니다.
我想延期。
워 샹 옌치.

비자를 신청하고 싶습니다.
我要申请签证。
워 야오 썬칭 치엔쩡.

여권유효기간이 곧 만료됩니다.
护照有效期快到了。
후짜오 여우샤오치 콰이 따오 러.

한국 인천으로 가는 항공편을 예약하고 싶은데요.
我想订一张去韩国仁川的飞机票。
워 샹 띵 이장 취 한궈 런촨 더 페이지파오.

왕복항공권입니다.
是往返票。
쓰 왕 판 퍄오.

1년짜리 오픈티켓입니다.
我的飞机票有效期是一年。
워더 페이지파오 여우씨아오치 쓰 이니엔.

한국행 항공편이 있나요?
有去韩国的航班吗？
여우 취 한궈 더 항빤 마?

다른 항공편은 없나요?
有别的航班吗？
여우 비에더 항빤 마?

편명을 말씀해주세요.
请说一下航班号。
칭 쉬이샤 항빤 하오.

몇 시부터 수속이 시작되나요?
几点开始办理登记手续？
지 디엔 카이스 빤리 덩지 서우쒸?

출발시간이 언제입니까?
出发时间是几点？
추파 스지엔 스 지디엔?

예약 변경이 가능한가요?
可以改预约时间吗？
커이 가이 위웨 스지엔 마?

어떻게 변경하고 싶으십니까?
您想怎么改？
닌 샹 전머 가이?

항공편예약을 취소하고 싶어요.
我想取消航班。
워샹 취샤오 항빤.

다른 항공사를 확인해주시겠어요?
能给我查一下航空公司吗？
넝 게이워 차이샤 비에더 항쿵꿍스 마?

대한항공 카운터가 어디죠?
大韩航空服务台在哪儿？
따한 항쿵 푸우타이 짜이 나알?

출국수속을 밟고 싶은데요.
我想办出国手续。
워 샹 빤 추궈 서우쒸.

창가 자리로 부탁합니다.
请给我靠窗座位。
칭 게이 워 카오촹 쭤웨이.

■ 세관에서
여권과 입국신고서를 보여주세요.
请出示护照和入境卡。
칭 추스 후짜오 허 루징카.

중국에는 처음 오시는 겁니까?
您是第一次来中国吗？
닌 쓰 띠 이 츠 라이 쭝궈 마?

어디에 머물 예정입니까?
您打算住哪儿？
닌 다쏸 쭈 나알?

중국호텔입니다.
住中国大饭店。
쭈 쭝궈 따판띠엔.

돈을 얼마나 소지하고 계십니까?
您带了多少现金？
닌 따이러 뚜어사오 씨엔진?

미화 약 3,500달러를 가지고 있습니다.
大约3,500美元。
따위에 싼 치엔 우 바이 메이위엔.

이곳에 친척이 있습니까?
这儿有亲戚吗？
쩌얼 여우 친치 마?

신고할 물건이 있습니까?
有没有要申报的东西？
여우 메이 여우 야오 선빠오 더 뚱시?

신고할 게 없습니다.
没有申报的。
메이여우 선빠오 더.

교통수단의 이용

■Bus 이용

버스를 어디에서 타야하나요?
在哪儿坐公交车？
짜이 나알 쭤 꿍쟈오처?

가까운 곳에 지하철역이 있나요?
这附近有没有地铁站？
쩌 푸진 여우 메이 여우 띠티에짠?

택시 승강장이 어디에 있나요?
等出租车的地方在哪儿？
덩 추주처 더 띠팡 짜이 나알?

공항 셔틀버스를 어디에서 탈 수 있나요?
民航班车在哪儿坐？
민항빤처 짜이 나알 쭤?

얼마나 자주 오나요?
隔多少分钟来一趟？
거 뚜어사오 펀중 라이 이탕?

수도백화점에 가려면 어떤 버스를 타야하나요?
到首都百货商店坐几路公共汽车？
따오 서우뚜 바이훠 상띠엔 쭤 지 루 꿍꿍치처?

45번 버스를 타세요.
坐45路公共汽车。
쭤 쓰스우루 꿍꿍치처.

어떤 버스가 기차역을 지나가나요?
几路车经过火车站？
지 루 처 징꿔 훠처짠?

818번 버스를 어디서 타야 합니까?
818路车在哪儿坐？
빠 야오 빠 루 처 짜이 나알 쭤?

이 버스가 북경서역으로 가나요?
这个公共汽车去北京西站吗？
쩌거 꿍꿍치처 취 베이징 시짠 마?

그 버스는 얼마나 자주 옵니까?
那公共汽车隔几分钟来一趟？
나 꿍꿍치처 꺼 지 펀중 라이 이 탕?

어디서 버스표를 사나요?
在哪儿买票？
짜이 나알 마이퍄오?

수상공원까지 가는 표 석 장 주세요.
来三张到水上公园的。
라이 싼 장 따오 수이상 꿍위엔 더.

어디서 내려야 하나요?
该在哪站下车？
가이 짜이 나 짠 씨아처?

갈아타야 하나요?
要换车吗？
야오 환처 마?

화평문까지 몇 정거장 남았나요?
到和平门还有几站？
따오 허핑먼 하이여우 지 짠?

여섯 정거장 남았어요.
还有六站。
하이여우 려우 짠.

군사박물관 앞에서 내려주세요.
在军事博物馆给我下车。
짜이 쥔스 버우관 게이 워 씨아처.

버스를 잘못 탄 것 같아요.
我好象坐错车了。
워 하오쌍 쭤춰 처 러.

이 지도에서 제가 있는 곳이 어디죠?
我在地图的哪儿？
워 짜이 띠투더 나알?

북해공원 가는 길 좀 가르쳐주시겠어요?
您能告诉我北海公园怎么走吗？
닌 넝 까오쑤 워 베이하이 꿍위엔 전머 저우 마?

이미 지나왔어요.
已经走过头了。
이징 저우 꿔 터우 러.

■ 길묻기

여기서 원명원까지 먼가요?
从这儿到圆明园远吗？
충 쩌얼 따오 위엔밍위엔 웬 마?

근처에 가볼 만한 관광명소가 있나요?

附近有值得去一趟的旅游景点吗？
푸찐 여우 즈더 취탕 더 뤼여우 징디엔 마?

젊은이들이 많이 가는 곳이 있나요?
有年轻人去的地方吗？
여우 니엔칭랜 취더 띠팡 마?

경치가 좋은 곳이 있나요?
有风景区吗？
여우 펑징취 마?

이 도시에 벼룩시장이 어디 있어요?
这城市的跳蚤市场在哪儿？
쩌 청쓰더 탸오자오 쓰창 짜이 나알?

매표소가 어디죠?
售票处在哪儿？
써우퍄오 추 짜이 나알?

입장료가 얼마죠?
入场券是多少钱？
루창취엔 스 뚜어사오 치엔?

단체표는 얼마나 할인되나요?
团体票打几折？
퇀티퍄오 다 지저?

■ 전화하기

전화카드를 어디서 살 수 있나요?

电话卡在哪儿买？

띠엔화 카 짜이 나알 마이?

국제전화카드 한 장 주세요?

给一张国际电话卡。

게 이장 궈찌 띠엔화 카.

어디서 잔돈을 바꿀 수 있나요?

在哪儿换零钱？

짜이 나알 환 링치엔?

이 전화기로 국제전화를 걸 수 있나요?

这电话能打国际长途吗？

쩌 띠엔화 넝다 궈찌 창투 마?

한국으로 전화를 어떻게 걸죠?

怎么往韩国打电话？

전머 왕 한궈 다 띠엔화?

■ 택시이용

공항으로 가주세요.

到机场。

따오 지창.

국제공항이요, 아니면 국내공항이요?

去国际机场还是国内机场？

취 궈찌지창, 하이쓰 궈네이지창?

국제공항이요. 얼마나 걸릴까요?

国际机场。要多长时间？

궈찌지창. 야오 뚜어창 스지엔?

어디로 가십니까?

请问您去哪儿？

칭 원, 닌 취 나알?

이 주소로 가려고 합니다.

我要去这儿。

워 야오 취 쩌얼.

트렁크 좀 열어주세요.

麻烦您打开一下后备厢。

마판 닌 다카이 이샤 허우뻬이샹.

기본요금이 얼마죠?

起价是多少钱？

치쟈 쓰 뚜어사오 치엔.

가장 가까운 역까지 요금이 얼마죠?

到最近的地铁站是多少钱？

따오 쭈이찐 더 띠티에짠 쓰 뚜어사오 치엔?

다 왔습니다.

到了。

따오 러.

얼마죠?

多少钱？

뚜어사오 치엔?

■ 지하철이용

지하철 노선도를 구할 수 있을까요?

地铁线路图哪儿有？

띠티에 시엔루투 나알 여우?

표를 어디서 사나요?

车票在哪儿买？

처파오 짜이 나알 마이?

천안문에 가려면 몇 호선을 타야하나요?

去天安门坐几号地铁？

취 티엔안먼 쭤 지하오 띠티에?

막차가 몇 시죠?

末班车是几点？

머빤처 스 지 디엔?

이 역이 무슨 역이죠?

这站是什么站？

쩌 짠 스 선머 짠?

다음이 무슨 역이죠?

下站是什么站？

씨아짠 스 선머 짠?

어느 역에서 내려야 하나요?

在哪站下车？

짜이 나 짠 씨아처?

다음 역에서 내리세요.
下一站下车。
씨아 이 짠 씨아처.

이 지하철의 종착역이 어디입니까?
这地铁的终点站是哪儿？
쩌 띠티에 더 중디앤짠 스 나얄?

■ 기차이용

상해행 열차가 또 있나요?
还有去上海的车吗？
하이 여우 취 상하이 더 처 마?

내일 항주로 가는 표 예매할 수 있어요?
能定明天去杭州的火车票吗？
넝 띵 밍티엔 취 항저우 더 휘처퍄오 마?

장춘에 가는 표를 예매하려고 합니다.
我想定去长春的火车票。
워 샹 띵 취 창춘 더 휘처퍄오.

특급열차는 얼마죠?
特快多少钱？
터 콰이 뚜어사오 치엔?

이 열차가 천진행 열차 맞나요?
这列车是不是去天津的？
쩌 례처 쓰 부 쓰 취 티엔진 더?

실례합니다. 여기 빈자리인가요?
请问，这座位有人坐吗？
칭 원, 쩌 쭤웨이 여우 런 쭤 미?

자리를 좀 바꿔주실 수 있나요？
能不能换一下座位？
넝 뿌 넝 환이사 쭤웨이?

식당은 몇 호 차에 있습니까?
餐厅在几号车厢？
찬팅 짜이 지 하오 처샹?

지금 어디쯤이죠?
现在到哪儿了？
시엔짜이 따오 나얄 러?

열차가 얼마 동안 정차하나요?
车在这儿停几分钟？
처 짜이 쩌얼 팅 지 펀충?

호텔에서

■ 호텔 예약과 체크인

예약을 하고 싶은데요.
我想订房间。
워 샹 띵 팡지엔.

2인실을 예약하고 싶은데요.
我想订双人间。
워 샹 띵 솽런지엔.

며칠 묵을 예정인가요?
您打算住几天？
닌 다쏸 쭈 지 티엔?

하룻밤 숙박료가 얼마죠?
住一天多少钱？
쭈 이 티엔 뚜어사오 치엔?

더 싼 방이 있나요?
有没有更便宜的房间？
여우 메이 여우 껑 피엔이 더 팡지엔?

아침식사도 포함됩니까?
包括早餐吗？
빠오쿼 자오찬 마?

체크인해주세요.
我要住宿登记。
워 야오 쭈쑤 덩찌.

이준하라는 이름으로 예약을 했습니다.
我已李俊夏的名字订了房间。
워 이 리 쥔샤 더 밍쯔 띵 러 팡지엔.

예약 확인서를 보여주시겠습니까?
能给我看一下您的订单吗？
넝 게이 워 칸이샤 닌 더 띵단 마?

성함을 말씀해 주시겠습니까?
您贵姓？
닌 꾸이 씽?

짐을 방으로 옮겨주시겠습니까?
能帮我把行李搬到房间吗？
넝 빵 워 바 싱리 빤따오 팡지엔 마?

한국으로 국제전화를 어떻게 거는지 알려주세요.

请告诉我怎么往韩国打国际长途。

칭 까오쑤 워 전머 왕 한궈 다 궈지 창투.

식당 예약을 좀 해주세요.

请给我约一下餐厅。

칭 게이 워 위웨 이샤 찬팅.

세탁 서비스가 가능한가요？

你们提供洗衣服务吗？

니먼 티꿍 시이 푸우 마?

인터넷을 어디서 이용할 수 있어요?

在哪儿可以上网？

짜이 나알 커이 쌍왕?

공항 셔틀버스가 자주 오나요?

机场迎送车常来吗？

지창 잉쑹처 창 라이 마?

몇 시에 체크아웃을 해야 하나요?

我得几点退房？

워 데이 지 디엔 투이팡?

로비로 제 짐을 옮겨주시겠어요?

能帮我把行李搬到大厅吗？

넝 빵 워 바 싱리 빤다오 따팅 마?

지금 체크아웃하고 싶은데요.

我现在要退房。

워 시엔짜이 야오 투이팡.

짐 내릴 사람을 한 명 보내주세요.

请派人来拿行李。

칭 파이 렌 라이 나 싱리.

방에 뭘 두고 왔어요.

我把东西落在房间里了。

워 바 똥시 라짜이 팡지엔 리 러.

모두 얼마죠?

一共多少钱？

이꿍 뚜어사오 치엔?

여행자수표도 취급하나요?

收旅行支票吗？

써우 뤼싱 즈파오 마?

택시를 불러주시겠어요?

能给我叫出租车吗？

넝 게이 워 쨔오 량 추주처 마?

현금으로 하시겠어요, 아니면 카드로 하시겠어요?
是用现金支付还是用刷卡支付？
쓰 융 씨엔진 즈푸 하이쓰 쏴카 즈푸?

카드로 계산해도 되나요?
可以刷卡吗？
커이 쏴카 마?

■ 호텔 서비스 이용

안녕하세요. 객실부입니다. 무엇을 도와드릴까요?
你好! 客房部，有什么需要帮忙的吗？
니 하오! 커팡뿌, 여우 선머 쉬야오 빵망 더 마?

몇 호실이십니까?
是几号房间？
쓰 지 하오 팡지앤?

잠시 기다리세요.
请稍等。
칭 사오 덩.

프런트입니다. 무엇을 도와드릴까요?
前台，有什么需要帮忙的吗？
치엔타이, 여우 선머 쉬야오 빵망 더 마?

룸서비스를 어떻게 부르죠?
怎么利用送餐服务？
전머 리융 쑹찬 푸우?

한국으로 국제전화를 어떻게 거는지 알려주세요.
请告诉我怎么往韩国打国际长途。
칭 까오쑤 워 전머 왕 한궈 다 궈지 창투

이 얼룩을 뺄 수 있을까요?
能除掉这污渍吗？
넝 추댜오 쩌 우쯔 마?

언제 가져다주실 수 있나요?
什么时候可以送来？
선머 스허우 커이 쑹라이?

제 세탁물이 다 됐나요?
我的衣服洗好了吗？
워 더 이푸 시하오 러 마?

이건 제 게 아닌데요.
这不是我的。
쩌 부 스 워 더.

귀중품을 맡길 수 있을까요?
给寄存贵重物品吗？
게이 찌춘 꾸이쭝 우핀 마?

팁입니다.
这是小费。
쩌 스 샤오페이.

호텔 안에 선물가게가 있나요?
酒店里有礼品店吗？
지우띠엔 리 여우 리핀띠엔 마?

포장을 해주세요.
请包装一下。
칭 빠오쫭 이샤.

헬스클럽이 몇 시에 문을 열어요?
健身房几点开门？
찌엔선팡 지 디엔 카이먼?

방에 금고가 있습니까?
房间里有保险柜吗？
팡지엔 리 여우 바오시엔꾸이 마?

다른 방을 주실 수 있으세요?
能不能给我换别的房间？
넝 뿌 넝 게이 워 환 비에더 팡지엔?

와서 한번 봐주세요.
请来看看吧。
칭 라이 칸칸 바.

식당 · 쇼핑

■ 식당찾기

이 근처에 맛있는 식당이 있나요?
这附近有不错的饭店吗？
쩌푸찐 여우 부춰더 판띠엔마?

이 지역의 특산물을 먹고 싶은데요.
我想吃一次这地区的特产。
워샹 츠이츠 쩌띠취더 터찬.

가까운 곳에 사천요리 식당이 있나요?
附近有四川料理店吗？
푸찐 여우 쓰촨 랴오리띠엔 마?

패스트 푸드 식당이 어디 있는지 아세요?
您知道速食店在哪儿吗？
닌 쯔따오 쑤스띠엔 짜이 나알 마?

한국식당이 어디에 있나요?
请问，哪儿有韩国料理店？
칭원, 나알 여우 한궈랴오리띠엔?

■ 주문하기

메뉴 좀 주세요.
请给我一下菜单。
칭 게이 워 이샤 차이딴.

무슨 요리를 주문하시겠습니까?
您要点什么？
닌 야오 디엔 선머?

바로 나올 수 있는 요리는 없나요?
有没有马上就能上的菜？
여우메이여우 마쌍 쩌우넝 쌍더 차이?

결정하셨습니까?
决定了吗？
줴딩 러 마?

추천할 만한 게 있나요?
有没有可以推荐的？
여우 메이 여우 커이 투이지엔더?

정말 맛있어요.
很好吃。
헌 하오 츠.

맛이 이상해요.
味道有点怪。
웨이따오 여우 디엔 꽈이.

향채를 넣지 말아 주세요.
别放香菜。
비에 팡 샹차이.

제가 낼게요.
我请吧。
워 칭바.

맛있게 먹었어요.
吃得很好。
츠더 헌하오.

여기에 사인해 주세요.
请在这儿签名。
칭짜이 쩌얼 치엔밍.

한 번 더 확인해 주시겠어요?
请再确认一下。
칭짜이 췌렌 이샤.

영수증 주세요.
请开张发票。
칭 카이장 파퍄오.

여기서 드실 겁니까, 아니면 가지고 가실 겁니까?
您在这儿吃还是带走？
닌 짜이쩌얼 츠 하이쓰 따이저우?

■ 쇼핑하기
쇼핑몰이 어딘지 알려주시겠어요?
请问，购物中心在哪儿？
칭원, 꺼우우쭝신 짜이 나알?

몇 시에 문을 열죠?
几点开门？
지 디엔 카이 먼?

몇 시에 폐점하죠?
几点关门？
지 디엔 꾸안 먼?

여성복 매장은 몇층에 있나요?
几楼卖女士装？
지 러우 마이 뉘쓰좡?

그냥 구경하는 거예요.
我只是看看。
워 즈쓰 칸칸.

천천히 둘러 보세요.
请慢看。
칭 만 칸.

저쪽에 저것 좀 보여주시겠어요?
请给我看一下那边的那一个，可以吗？
칭 게이워 칸이샤 나비엔더 네이거, 커이마?

다른 것 좀 보여주시겠어요?
能给我再看一下别的吗？
넝 게이워 짜이 칸이샤 비에더 마?

이거 얼마죠?
这个多少钱？
쩌거 뚜어샤오 치엔?

긴급 상황

경찰을 불러주세요!
请叫一下警察！
칭 짜오이샤 징차!

여권을 잃어버렸어요.
我丢了护照。
워 디우러 후짜오.

길을 잃었어요.
我迷路了。
워 미루 러.

저놈 잡아라! 도둑이야!
是小偷！快捉住他！
쓰 샤오터우! 콰이 줘쭈 타!

여기 누구 한국말 할 줄 아는 사람 계세요?
这儿有会说韩国语的人吗？
쩔 여우 후이 쉬 한궈위 더 런마?

한국 대사관에 연락 좀 해주세요.
请联络一下韩国大使馆。
칭 리엔뤄 이샤 한궈 따스관.

누가 좀 도와주세요!
请帮一下忙！
칭 빵이샤 망!

뭘 잃어버리셨나요?
您丢了什么？
닌 디우 러 선머?

어디서 잃어버렸어요?
世纪公园站
짜이 나알 뎌우더?

분실물취급소가 어디죠?
请问遗失物招领处在哪儿？
칭 원 이스우 자오링추 짜이나알?

카메라를 잃어버렸어요.
我丢了相机。
워 뎌우러 쌍지.

택시에 두고 내렸어요.
放出租车上了。
팡 추주처 상 러.

가방을 버스에 두고 내렸어요.
把包放在汽车上了。
바 바오 팡짜이 치처 상 러.

구급차를 불러주세요.
请叫一下急救车。
칭 짜오이샤 지쪄우처.

병원에 데려다주세요.
请送到医院。
칭 숭따오 이웬.

머리가 심하게 아파요.
头很疼。
터우 헌 텅.

"

복통이 아주 심해요.
肚子疼的厉害。
뚜즈 텅더 리하이.

아픈지 얼마나 됐나요?
疼多久了？
텅 뚜어져우 러?

설사하세요?
泻肚子吗？
씨에 뚜즈 마?

진찰을 받고 싶은데요.
我想看病。
워 샹 칸삥.

진료는 몇 시부터 시작하나요?
几点开始门诊？
지디엔 카이스 먼전?

여기 한국어를 하는 의사 있어요?
这儿有会韩国语的医生吗？
쩌얼 여우 후이 한궈위 더 이성 마?

어디가 이상하시죠?
哪儿不舒服？
나알 뿌 수푸?

증상이 어떻습니까?
什么症状？
선머 쩡좡?

여기가 아파요.
这儿疼。
쩌얼 텅.

감기에 걸린 것 같아요.
好象得了感冒。
하오쌍 더러 간마오.

자꾸 구토를 해요.
总是吐。
쫑스 투.

여기 누우세요.
请躺这儿。
칭 탕 쩌얼.

이 약을 어떻게 복용하죠?
这药怎么吃？
쩌 야오 전머 츠?

189

한자대조표

王寶和酒家／王宝和酒家	慶余賓館(南樓)／庆余宾馆(南楼)
上海老飯店／上海老饭店	陝西南路站／陕西南路站
小南國／小南国	孫中山故居／孙中山故居
宋記香辣蟹／宋记香辣蟹	周公館／周公馆
長樂路／长乐路	圓苑餐廳／圆苑餐厅
古往今來／古往今来	大公館／大公馆
中國藍印花布館／中国蓝印花布馆	蘇浙匯／苏浙汇
醜牛/食草堂／丑牛／食草堂	漢源書屋／汉源书屋
西門町／西门町	花園飯店／花园饭店
三毛手工皮藝坊／三毛手工皮艺坊	錦江飯店／锦江饭店
地鐵／地铁	新錦江大酒店／新锦江大酒店
徐家匯站／徐家汇站	黃陂南路站／黄陂南路站
港匯廣場／港汇广场	中共一大會址／中共一大会址
吉士酒樓／吉士酒楼	東台路古玩市場／东台路古玩市场
建國賓館／建国宾馆	新天地專賣店／新天地专卖店
西華酒店／西华酒店	席家花園酒家／席家花园酒家
普希金紀念塑像／普希金纪念塑像	湖庭餐廳／湖庭餐厅
樂加爾鬆／乐加尔松	透明思考／透明思考
楊家廚房／杨家厨房	樂美頌／乐美颂
西子緣賓館／西字缘宾馆	88新天地酒店式服務公寓／88新天地酒店式服務公寓
富豪環球東亞酒店／富豪环球东亚酒店	

盛捷高級服務公寓／盛捷高级服务公寓

人民廣場站／人民广场站

上海歌劇院／上海歌剧院

上海城市規劃展示館／上海城市规划展示馆

人民公園／人民公园

上海博物館／上海博物馆

國際飯店／国际饭店

世紀公園站／世纪公园站

上海科技館站／上海科技馆站

東方路站／东方路站

陸家嘴站／陆家嘴站

東方明珠／东方明珠

濱江大道／滨江大道

世紀大道／世纪大道

陸家嘴綠地／陆家嘴绿地

浦勁娛樂中心／浦劲娱乐中心

浦東雅詩閣飯店／浦东雅诗阁饭店

外灘／外滩

灘外樓／滩外楼

巴比饅頭／巴比馒头

老正興菜館／老正兴菜馆

梅龍鎮／梅龙镇

錦滄文華大酒店／锦沧文华大酒店

靜安寺站／静安寺站

恆隆廣場／恒隆广场

久光百貨／久光百货

原創私房菜／原创私房菜

靜安希爾頓飯店／静安希尔顿饭店

國際貴都大飯店／国际贵都大饭店

美麗園龍都大酒店／美丽园龙都大酒店

江蘇路站／江苏路站

虹口足球場站／虹口足球场站

魯迅紀念館／鲁讯纪念馆

多倫路／多伦路

寶山路站／宝山路站

七浦市場／七浦市场

虹橋路站／虹桥路站

宋慶齡墓園／宋庆龄墓园

古北新區／古北新区

劉海栗美術館／刘海栗美术馆

虹橋迎賓館／虹桥迎宾馆

古北灣大酒店／古北湾大酒店

國航大廈／国航大厦

新苑賓館／新苑宾馆

揚子江大酒店／扬子江大酒店

豫園／豫园

城隍廟／城隍庙

綠波廊／绿波廊

초판 인쇄일 _ 2008년 9월 5일
초판 발행일 _ 2008년 9월 12일
발행인 _ 박정모
발행처 _ 도서출판 혜지원
주소 _ 서울시 동대문구 장안 1동 420-3호
전화 _ 영업부 02)2212-1227, 2213-1227
전화 _ 편집부 02)2249-7975
팩스 _ 02)2247-1227
홈페이지 _ http://www.hyejiwon.co.kr
지은이 _ MOOK 편집실
기획 · 진행 _ 강은혜, 유신향
교정 · 교열 _ 유신향, 송유선
디자인, 본문편집 _ 박애리
표지디자인 _ 김경미
영업마케팅 _ 김남권, 황대일, 고광수, 서지영
ISBN _ 978-89-8379-574-8
      978-89-8379-539-7 (세트)
정가 _ 7,800원

무료통화이용권(콜렉트콜)

3,000원

• 외국에서 한국으로 전화시 착신번호마다 매월 1,000원씩
  무료로 통화하실 수 있습니다! (3개번호)

우리은행 환율우대

쿠폰 NO.US GA **135248**

50%

• 본 쿠폰은 다른 우대서비스와 중복하여 사용 할 수 없으며,
  우대율은 은행 사정에 따라 조정될 수 있습니다.
• 유효기간 : ~ 2008년 12월 31까지
• 우대 내용 후면 참조

※ 단, 미화기준으로 500달러 미만은 30% 할인

출국 준비물 위드공구 할인쿠폰

NO. W214619–1948

Discount Coupon **10~5%**

• 본 쿠폰은 1인 1회에 한하여 사용 가능합니다.
• 본 쿠폰은 다른 쿠폰과 중복하여 사용하실 수 없습니다.
• 일부 품목은 할인에서 제외될 수 있습니다. www.with09.net

with09-net

공항고속/센트럴시티 리무진 버스 할인권

NO. 903921

Limousine Bus Discount Coupon

2,000 원 할인권(1회)

• 유효기간 : ~ 2008년 12월 31일까지   • 승차권 구입장소 및 이용방법 후면 참조
• 홈페이지 : www.samhwaexpress.com   www.centralcityseoul.co.kr

공항고속   CENTRAL CITY

공항고속/센트럴시티 리무진 버스 할인권

NO. 903921

Limousine Bus Discount Coupon

2,000 원 할인권(1회)

• 유효기간 : ~ 2008년 12월 31일까지   • 승차권 구입장소 및 이용방법 후면 참조
• 홈페이지 : www.samhwaexpress.com   www.centralcityseoul.co.kr

공항고속   CENTRAL CITY

현재 계신 곳의 국가접속번호 🔊 ^{카드번호} **7890** [#] + 지역번호를 포함한 상대방 전화번호 + [#]

※ 공중전화에서는 발신음을 먼저 확인하고 사용하세요. (발신음이 들리지 않을 경우 카드 또는 동전을 넣어주세요.)
사용예) 미국에서 한국(02-123-4567)으로 전화할 경우 1877-705-0469 🔊 카드번호 + # 🔊 교환원 연결

호 주	1800-007-548	미국(괌)	1877-705-0469	중국(북방)	108-8824
뉴질랜드	080-044-8043	사 이 판	1800-831-0366	중국(남방)	10800-140-0688
캐 나 다	1877-705-0474	하 와 이	1877-705-0471	일본(우선)	0044-2213-2325
그 리 스	0080-012-6546	오스트리아	0800-291-285	말레이시아	1800-80-8401
영 국	0800-032-3503	스 페 인	900-931-993	인도네시아	001-803-011-3411
프 랑 스	0800-900-092	체 코	800-142-542	필 리 핀	105-821
독 일	0800-101-2976	스 위 스	0800-562-317	홍 콩	800-967-360
이탈리아	800-708-044	벨 기 에	080-077-463	베 트 남	1783-500
네덜란드	080-0022-5196	헝 가 리	068-001-7175	태 국	001-800-120-664-908
포르투갈	8008-12982				

※ 지역에 따라 공중전화에서 사용이 제한될 수 있습니다. ※ 기타 국가 접속번호 및 이용문의 : 인터콜 고객만족팀(02-568-9500)

※ 요금은 **hanarotelecom** 에서 수신자부담으로 청구합니다.

- 본 쿠폰은 1인 1회에 한하여 사용가능합니다.(개인에 한함)
- 우리은행 전 영업점(인천국제공항지점 제외)에서 외화현찰, 여행자수표를 환전하거나
  해외송금시 우대환율을 적용하여 드립니다.(중국화폐CNY는 30% 우대)
  – 할인우대율 : 당일고시 매매기준율과 대고객매매율 차이의 환전수수료 50~30%를 우대
- 본 쿠폰은 다른 우대조치와 중복하여 사용하실 수 없으며, 우대율은 은행사정에따라 조정될 수 있습니다.

세종로 유학이주센터 02)399-2742	목동 유학이주센터 02)2652-4030	테헤란로 유학이주센터 02)554-3071/3
연희동 유학이주센터 02)324-7001	종로 YMCA 유학이주센터 02)738-8472	연세 유학이주센터 02)313-3198
압구정동 유학이주센터 02)541-2947	대치역 유학이주센터 02)569-9031	대치남 유학이주센터 02)567-0483
분당중앙 유학이주센터 031)704-1541	일산중앙 유학이주센터 031)919-0501	서면 유학이주센터 051)804-2007
도곡스위트 유학이주센터 02)2058-1100	수영만 유학이주센터 051)747-9701	

※ 무료상담전화 : 080-365-5000

www.with09.net 접속 ·-·> 회원가입 후 가입경로 "동호회 추천" ·-·> 우측 코드란에 쿠폰 NO.W214619-1948입력 가입완료되시면 전품목 할인된 가격으로 표기됩니다.

❌ 대표상품

이민가방, 여행가방, 전통기념품, 트랜스, 전세계 플러그, 침낭, 압축팩, 전기장판,
전자사전 등 전세계 출국준비물 **국내 최저가 판매**

문의전화 : (02)374-6227 / 010-6313-1664

Limousine Bus Discount Coupon

★ 이용구간

- 인천국제공항 –〉 강남 센트럴시티 방면
- 인천국제공항 –〉 서울역, 용산역 방면

승차권 구입장소 : 입국장(1층) 4A, 10B 출입구 옆 승차권 판매소

성함	E-mail	내용을 기입하셔야 이용 가능합니다.

★ 승차권 구입시 우대권 제출해 주십시오.(1인 1매에 한하여 타 쿠폰과 중복사용 불가)
★ 문의전화 : 센트럴시티 02)6282-0652 서울역 / 용산역 02)775-7915

Limousine Bus Discount Coupon

★ 이용구간

- 센트럴시티 –〉 인천국제공항(센트럴시티내 호남선터미널 1층 리무진 매표소)
- 서울역 –〉 인천국제공항(서울역 광장 역전파출소 앞 리무진 매표소)
- 용산역 –〉 인천국제공항(용산역 지상3층 달 주차장 리무진 매표소)

성함	E-mail	내용을 기입하셔야 이용 가능합니다.

★ 승차권 구입시 우대권 제출해 주십시오.(1인 1매에 한하여 타 쿠폰과 중복사용 불가)
★ 문의전화 : 센트럴시티 02)6282-0652 서울역 / 용산역 02)775-7915